2040年
半導体の
未来

2040年
半導体の
未来

b=bit
q=quantum

AI・量子コンピューティング時代!

半導体(b)+量子(q)=次世代計算基盤で
日本経済は再び成長する

小柴満信 KOSHIBA Mitsunobu
JSR前会長/経済同友会経済安全保障委員会委員長

東洋経済新報社

はじめに

半導体がかつてないほど〝熱い〟

世界ではいま、半導体がかつてないほど〝熱い〟。

1948年にベル研究所がトランジスタを発明して以来76年、集積回路（IC）が登場した1958年から66年を数える半導体の歴史においても、これほど注目を浴びたことはなかったのではないか。

それには、いくつかの理由がある。

まず、2019年に中国・武漢に端を発した新型コロナウイルス感染症だ。世界規模のパンデミックによって、半導体の製造と供給が大きく滞ってしまった。

半導体製造工場の火災などさまざまな不幸が重なったこともあるが、自動車をはじめ家電、ゲーム機、パーソナルコンピュータ（パソコン）、スマートフォン（スマホ）などをはじめとする多くの工場が一時ストップする事態に追い込まれた。半導体が不足すると、世界経済にきわめて重大な影響が及ぶ。この事実が、白日のもとにさらされてしまったのである。

もう1つが、半導体をめぐる米中関係の緊張の高まりだ。

米国は2018年に中国通信機器大手の中興通訊（ZTE）、2019年に華為技術（ファーウェイ）に対する輸出規制措置などの制裁に踏み切った。さらに2020年には、米国由来の技術やソフトウエアを使用して生産された半導体までも輸出規制の対象とするよう制裁を強化した。

そして2022年には、安全保障上の懸念を理由に、禁輸の対象は半導体メーカーなど36社に拡大された。この輸出規制は、中国の最先端半導体製造の息の根を止めるほどのインパクトのように報道されているが、その効果はいまだ明らかではない。

「台湾有事」のインパクト

この前後から、にわかに取りざたされ始めたのが「台湾有事」の可能性だ。中国が、台湾積体電路製造（ＴＳＭＣ）の本拠地である台湾を、非友好的手段で統合するのではないか——そううわさされ始めたのである。

ＴＳＭＣは、半導体の受託生産企業（ファウンドリー）最大手で、最先端半導体の製造の世界シェア90％以上を占めるガリバーだ。もし台湾が中国に組み込まれれば、台湾は米国の規制対象の網にかかることになる。

「もうＴＳＭＣから半導体を買えなくなる」

先進各国に戦慄が走ったのはいうまでもない。ＴＳＭＣに半導体材料や半導体製造装置を販売している国も同じだ。

そこから、自国に半導体製造工場を誘致しようとする「国産化」の動きが、世界中のあちこちで起き始めた。

ところが、こうした変化に対する日本社会の反応は鈍かった。

無理もないかもしれない。日本は１９８０年代後半から１９９０年代前半にかけて世界の半導体市場を制したが、日米半導体摩擦によって力を削がれて以来、およそ30年にわたって低迷を余儀なくされ、いまや見る影もない。

「いまさら日本で最先端の半導体をつくるなんてばかげている」

そういった考え方が染みついてしまっていたのだ。

半導体の復活なくして、日本の未来はない

私は、元国策会社である日本合成ゴム（現ＪＳＲ）に１９８１年に入社した。ＪＳＲは、半導体のシリコンウェーハに塗布するフォトレジストで世界トップクラスのシェアを持つ。

１９９０年から米国のシリコンバレーに赴任し、12年間、市場開拓に従事した。２００２年に帰国し、２００９年から社長を10年間務め、２０１９年からは取締役会長として、合わせて12年ほど企業経営にかかわった。２０２３年６月で名誉会長を退任するまで、40年超にわたって半導体業界を現場の視点からつぶさに見てきたつもりだ。

半導体に長く携わってきた１人として、私は、最先端半導体の開発と製造を日本国内で再び行うべきだと考えている。

２０１９年に経済同友会の副代表幹事となってからは、公の場でもそう主張してきた。

2023年5月には「"Politics meets Technology." の時代を生き抜く国と企業の戦略」という提言にまとめている。政治とテクノロジーは密接不可分であり、切っても切り離せない。そういう意味を込めて Politics meets Technology というタイトルをつけた。

テクノロジーの筆頭に位置づけられるのはもちろん、半導体である。

いまや世界を牛耳るGAFAM（グーグル、アップル、フェイスブック〈現メタ〉、アマゾン、マイクロソフト）はインターネット産業で大きく成長し、AI（人工知能）が次の波になると見るや、素早く自社のサービスに取り入れることで、さらなる強大なパワーを手にしてきた。

それによってGAFAMが本拠地を置く米国が、世界の覇権を握ってきた。

その躍進を支えたのは、これからお話しすることになるコンピューテーション（計算基盤）であり、もっといえば、コンピューテーションの基盤となる半導体にほかならない。

すなわち、半導体は企業の力の元であり、国の力を支える基幹産業なのだ。半導体の復活なくして、日本の未来が明るくなることはない。

ラピダス設立に集まった批判の声

ここにきて「日の丸半導体、復活か」と思われる動きが相次いでいる。

「TSMCがソニーグループなどと共同で、熊本に半導体の新工場を建設する」——。

2021年11月、突然のニュースに、日本の経済界は大騒ぎになった。

さらに2022年には、トヨタ自動車やソニーグループ、日本電信電話（NTT）など大手8社が、先端半導体の国産化に向けた新会社、Rapidus（ラピダス）を共同で設立した。

TSMCの新工場ができる熊本県菊陽町では、従業員をあてこんだマンションなどの建設ラッシュが進み、周辺の大津町、合志市なども含め地価が上昇している。

ラピダスの工場新設が決まった北海道千歳市も同様で、オフィスやホテルなどの建設が相次いでいるほか、投資目的による土地取引が活発化している。

ただ、こうした「半導体をめぐる喧騒」を冷めた目で見ている人も多い。

「失われた30年の間に、技術力も技術者もなくなった。工場だけ建てたところで、そう簡単につくれるはずがない」

こういった批判の声は、私の耳にも直接入ってくる。一理ある意見もあるが、それでも日本は国産化へまっしぐらに突き進むべきだという私の考えはいささかも揺るがない。

なぜなら、そこには勝算があるからだ。

そして、ラピダスが2027年に量産を目指す2ナノメートル半導体、そしてそれ以降の最先端半導体が、2040年までに起こる社会変革を見越した際に、それを支える基盤技術になると考えられるからだ。

その理由にはおいおい触れるとして、まずは日本の半導体が失敗した理由からお話ししていこう。

（注）本文中の肩書きは当時のものです。

目次

第2章　ラピダスの勝算……73

第3章　半導体戦略としての「生産性革命」

おわりに

本書の構成

本書では次の視点で論を進めていく。

「なぜ半導体が注目されるようになったのか」

「その背景にある世界を巻き込む事情とは何か」

「その中にあって、日本はどう進むべきか」

「半導体開発競争の先にある未来のテクノロジーとは何か」


第1章では、半導体の歴史を振り返ることで、半導体の進化の過程を理解して欲しい。

第2章では、ラピダスの意義について詳しくお話しする。日本で最先端半導体を生産する意義と、それを起点として始まる未来のために、発想の転換を図っていただきたい。

第3章では、半導体がもたらす生産性を再考し、半導体の重要性を再認識して欲しい。

第4章では、国家としてめざすべき計算基盤の強化についてお話しする。技術的にも経済的にも日本が立ち直るラストチャンスに半導体がかかわっていることを理解して欲しい。

そして第5章では、今後の世界を牽引することになる量子の世界に触れ、日本がテクノロジーをリードする姿を想像して欲しい。


なお本書は企業経営者としてテクノロジーを理解し、経営戦略に生かすという自身の経営スタイルに基づいて書いているので、サイエンスとして必ずしも正確ではない記述がある。その点はご容赦いただきたい。

第1章

日本半導体「失敗の本質」

私的・半導体摩擦体験

「すごいオフィスだな……」

34歳の私がオースティンにある米モトローラのフラッグシップと呼ばれる最新の半導体工場に初めて足を踏み入れたのは、1990年8月のことだった。

この年から、「米国でフォトレジスト事業を立ち上げてこい」との命を受けて、シリコンバレーに赴任していたのだ。

このころ、日本半導体は絶頂期にあった。半導体メーカーももちろんだが、JSRのような半導体材料メーカーも業容拡大にしのぎを削っていた。

当時の日本国内の半導体業界は、まだまだ「ケイレツ」が幅を利かせていた。日本電気（NEC）であれば住友化学、三菱電機であれば三菱化成、富士通であれば日本ゼオンというように、半導体メーカーと材料メーカーの間で取引関係ががっちり固まっていた。

JSRは独立系だから、ケイレツがない。そのため、活路を世界に求めるしかなかった。当時の有力なパートナーは、ベルギーのブリュッセルに本社を置くユーシービー。現在は製薬企業に業態転換したため手放してしまったが、当時は機能化学品企業で、半導体材料部門を保有していた。

ユーシービーとJSRは、欧米に販路を展開しようとジョイントベンチャーを立ち上げ、シリコンバレーに米国子会社を設置することになった。そこで、留学経験があり英語がそこそこ話せる私に白羽の矢が立ったようだ。

フォトレジストはウェーハの表面にごく薄く塗る感光性材料で、JSRの主力製品の1つである。さまざまな半導体メーカーにレジストを売り込む中で、私はようやくモトローラとのビジネスチャンスをつかんだ。当時のモトローラは、世界の半導体工場のナンバーワンといわれる最先端企業だった。

緊張しながら工場のロビーで待っていると、警備員から急に声をかけられた。

「日本人はこんなところにいないでくれ」

このころから、日米半導体摩擦は大きな国際問題になり始めていたのだ。

それにしたって、ずいぶん失礼じゃないか……ムッとしている私の目が、壁に貼ってあるバナー(旗)をとらえた。

「We proudly buy Americans.」

横には、米国の国鳥であるハクトウワシも描かれていた。米国の保護主義、愛国心がひしひしと伝わってきた。

それほどに、このころの日本半導体は米国をいらだたせる存在だったのである。

半導体の誕生

本論に入る前に、ごく簡単に半導体の歴史についてお話ししておこう。

あらゆる電子機器は、電流を制御する必要がある。電流を「オン／オフ」しなければ電気が流れっぱなしになって電子機器がこわれてしまう。また、電波や振動、圧力、温度といった弱い信号は「増幅」してあげないと、正確なデータとしてとらえることができない。

半導体が発明される前——レーダーや初期のコンピュータには、電流を制御する部品として、ガラス製の「真空管」が使われていた。ただ、部品としてはかさばりすぎるうえ、信頼性がない、消費電力が大きいといった問題があった。そんな中、１９４８年、米国のベル研究所が接触型トランジスタを発明する。

トランジスタは、電気を通す導体と通さない絶縁体の中間の物質である「半導体」でつくられており、その性質から電流をスイッチング（オン／オフ）したり増幅したりできる。消費電力は真空管の50分の１と小さく、あっという間に真空管を駆逐した。

それでもコンピュータに必要な数千個のトランジスタをプリント基板に並べ、１つひとつはんだで配線するのは複雑すぎたし、電子機器を小型化するうえでも支障がある。

そこで、配線を簡略化しようと開発されたのが、１つの基板の上に複数のトランジスタや配線をまとめてしまう方法だった。１９５８年に集積回路（ＩＣ）の概念が発表され、これ以降、集積回路のことを半導体あるいはチップと呼ぶようになった。

当時の技術者の１人が、フェアチャイルドセミコンダクター社のゴードン・ムーアだ。ムーアは１９６５年、集積回路の未来について『エレクトロニクス』誌から論文を依頼され、そこに次のような予測をしたためた。

「少なくとも今後10年間、ＩＣの集積度は、１・５年で2倍、３年で4倍になっていくだろう」

図表1−1　ムーアの法則

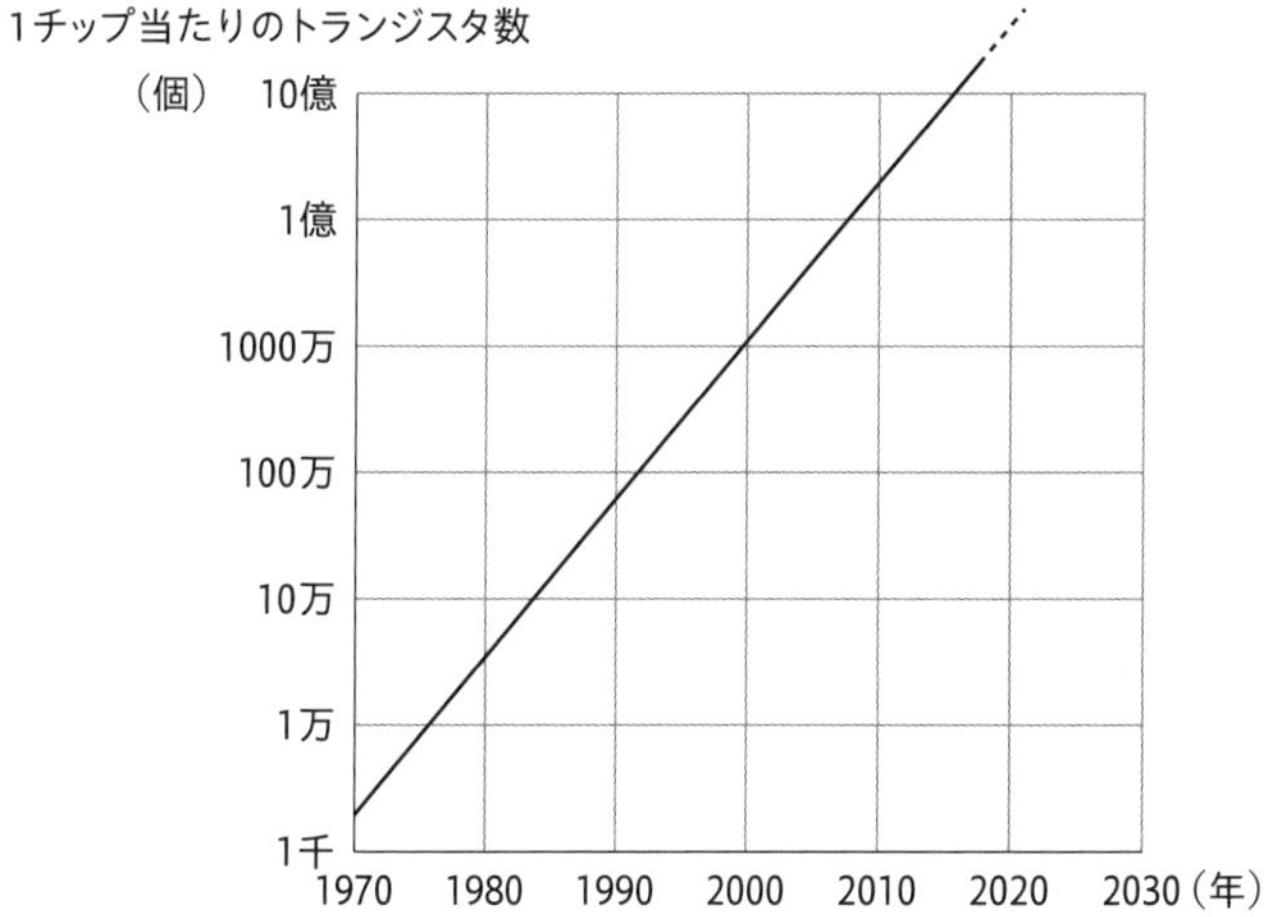

集積度とは、1枚のシリコンチップ上に搭載できる部品の数を表す。つまり集積度が高くなるほど性能は上がる。1975年には「2年に2倍ずつ性能が上がる」と修正され、これらの言葉は、のちに「ムーアの法則」として知られていく（図表1−1）。

電卓戦争の勃発

1968年、ムーアらはフェアチャイルドセミコンダクターを離れ、インテルを創業する。2年後に最初の製品として発売したのが、世界初の「ダイナミック・ランダム・アクセス・メモリ（DRAM）」だ。

それまでコンピュータは「磁気コア」と呼ばれる、金属のリングをワイヤーでつないだものでデータを記憶していた。ただ、磁気コアの容量アップには限界があった。

そこで、例の集積回路を使って開発された記憶装置がＤＲＡＭだ。電荷をためる機能を持つコンデンサという部品とトランジスタをつないで記憶素子（メモリセル）を構成している。記憶素子に電荷が蓄えられた状態を「1」、蓄えられていない状態を「0」としてデータを記憶する。ＤＲＡＭは、現在でもコンピュータのデータ保存を担う重要な半導体（メモリ）である。

さらにその翌年の１９７１年、インテルはまたも画期的な半導体を発売する。きっかけとなったのは、日本の計算機メーカー・ビジコン（旧日本計算器販売）から舞い込んだ「注文」だった。

ＩＣは当初きわめて高価だったため、宇宙開発や軍事目的で使用されたが、１９６４年に初めて電卓に搭載されると、「電卓戦争」とも呼ばれる開発競争に火がつく。なにせそれまでの電卓は、真空管を使っていたため重さが十数キログラムもあったのだ。

そんな中、ビジコンがインテルに「2万４０００個のトランジスタを搭載した12種類のチップを特注でつくって欲しい」と依頼する。インテルは開発を進める過程で、「ロジック・チップ」をつくることを思いつく。ロジックとは、データを記憶するＤＲＡＭとは違い、「0」と「1」で表されたデータを、膨大なスイッチの組み合わせによって高速で計算する半導体だ。

そこから生まれたのが、世界初のマイクロプロセッサー「Ｉｎｔｅｌ４００４」である。マイクロプロセッサーはのちに、ＣＰＵ（中央演算処理装置）として、パソコンやスマホの「頭脳」として大活躍することになる。

DRAMで躍進した日本

トランジスタが発明された１９４８年といえば、日本はまだ、敗戦からの復興にもがいていたころだ。そんな中、米国政府は、日本にトランジスタを使った製品を開発させようと支援した。

その一例がソニー（当時は東京通信工業）である。ＷＥ（Western Electric）社からトランジスタの製造特許を取得して製造した「ソニーラジオ」は、安さと性能からまたたく間に世界を席巻した。自社でトランジスタを製造し、ラジオをつくったのはソニーが世界最初だった。シャープ（当時は早川電機）が１９６４年にいち早く電卓に搭載したトランジスタも米国製だ。

米国は、自国の半導体を利用させることで日本企業を早期に復活させ、それによって、ソ連や中国など共産主義勢力との結びつきを持たせないようにしたのだ。

しかし、日本は米国の思惑をはるかに超えるスピードで成長した。そのことが、両国に摩擦を引き起こす。

1970年代から1980年代初頭にかけて、日立製作所、東芝、富士通、NECなどは、DRAMの製造で世界を席巻し始めていた。煮え湯を飲まされていた米国の半導体企業は、「日本企業は日本だけでなく米国でも保護されており、不当な恩恵を受けている」と不平を隠さなかった。

テキサス・インスツルメンツ（TI）やナショナルセミコンダクターも、DRAM部門のレイオフに追い込まれた。危機感を覚えた米国企業は政府に猛烈なロビー活動を行い、1984年に「半導体チップ保護法」が成立する。半導体関連の知的財産の保護を強化する法律だ。

その陰で、インテルは1985年にDRAM事業からひっそりと撤退する。

しかし1986年には日本が半導体生産量で米国を抜き、DRAMで8割の世界シェアを獲得する。ことここに至り、米国はついに最後の一手を打った。1987年に「日米半導体協定」の締結を日本に迫ったのだ。

この協定は、日本製DRAMの対米輸出量を制限するものだった。だが、これによって半導体の数量は減ったものの価格はむしろ高騰したため、日本企業は経営的にほとんどダメージを受けなかった。

米国企業はそれに飽き足らず、1976年に日本で設立された「超LSI技術研究組合」をヤリ玉に挙げた。官民共同による半導体コンソーシアムがあることで、日本企業に政府の支援があることを不公平だとしたのである。

その対抗策として、米国政府も1987年に官民の半導体コンソーシアム「SEMATECH（セマテック）」を立ち上げた。しかし、これも効果を挙げなかった。

インテル再生

1988年には、日本が世界の半導体生産額の50%を超えるまでに成長する。そのため、1991年の新協定で、「日本国内の外国製半導体のシェアを従来の10%から20%まで引き上げる」という厳しい条項が盛り込まれた。

半導体を制した日本の原動力になったのは、民生用電気機器、いわゆる家電製品だ。ソニーラジオから始まり、電卓、テレビ、ビデオデッキ、ポータブルオーディオプレーヤーなど、高品質・低価格の「メイド・イン・ジャパン」は世界中に輸出され、それに搭載される半導体もがんがん増産された。米国の家電は世界から駆逐され、それにともなって米国製の半導体も日本企業にその地位を奪われる、という構図だったのである。

途中からは、メインフレームと呼ばれる大型汎用コンピュータに、品質が高くこわれにくい日本製DRAMがつぎつぎと搭載され、日本の半導体シェア拡大を後押しした。

その一方で、1981年にはIBMのパソコンが世界的にヒットし、コンピュータに革命が起こり始めていた。アップルは1984年に初代マッキントッシュを発売。翌1985年にはマイクロソフトがパソコン用のオペレーティングシステム（OS）を開発する。

そこで息を吹き返したのがインテルだ。DRAMから撤退して以降、パソコン向けのマイクロプロセッサーに専念していたことが功を奏した。それまでの円安ドル高が一転、円高ドル安となり、輸出価格が相対的に安くなったことも追い風になった。

1992年には米コンパック・コンピュータが、インテル製チップとマイクロソフトOSを乗せたパソコンを、IBMのパソコンよりはるかに安価で売り出す。これをきっかけに世界のパソコン出荷台数は激増し、インテルもさらに勢いづく。1993年に発売されたプロセッサー「ペンティアム」が大ヒットしたのを覚えている方も多いはずだ。1995年にはマイクロソフトがOS「ウィンドウズ95」を発売し、パソコンが一般家庭にも浸透し始め、インテルは、半導体メーカーとしての地位を完全に取り戻した。

国家プロジェクトは軒並み失敗

またこのころから、韓国のサムスン電子が台頭していく。1980年代に半導体製造に乗り出したサムスンに、インテルは技術やライセンスを惜しげもなく供与した。当時、韓国のコストや賃金は日本より大幅に低かったため、韓国製DRAMが日本製DRAMを駆逐できるのではないかと考えたのだ。

この〝日本潰し〟は見事に当たった。DRAMの大口顧客であったメインフレームは1990年代になるとすっかり影を潜め、主役はパソコンに完全に替わっていた。その心臓部に、インテル・ブランドを冠したサムスン製DRAMがつぎつぎと採用され、日本の半導体各社を直撃したのである。

日本の世界シェアはずるずると後退し、逆に、日本国内での外国製半導体のシェアは1996年になって20％——つまり例の新協定で設定された水準に達した。これによって日米半導体協定は失効した。

なんとか凋落を食い止めようとする日本企業は、半導体メーカーの整理と合従連衡に活路を見出そうとする。

１９９９年には日立とＮＥＣがＤＲＡＭ部門を分離・統合し、新たにエルピーダメモリを設立する。２００１年にはＮＥＣと東芝が汎用ＤＲＡＭ事業から撤退、２００２年にＮＥＣが半導体事業を分社化し、ＮＥＣエレクトロニクスを設立する。２００３年には日立と三菱電機のシステムＬＳＩ（メモリやＣＰＵ、周辺回路などを１つのチップ上にまとめた電子部品）事業が統合し、ルネサステクノロジが登場した。

一方、国は数々の国家プロジェクト、いわゆる国プロを立ち上げる。半導体産業研究所（ＳＩＲＩＪ・１９９４年）、半導体理工学研究センター（ＳＴＡＲＣ・１９９５年）、超先端電子技術開発機構（ＡＳＥＴ・１９９６年）、半導体先端テクノロジーズ（Ｓｅｌｅｔｅ・１９９６年）……。しかし、どれもさしたる効果を挙げられなかった。

２００２年には国策ファウンドリーのアスプラ（ＡＳＰＬＡ）が設立されたが、これもすぐに経営に行き詰まり、２００５年には解散に追い込まれる。

ファウンドリーの台頭

日本がまごついているその間に、世界では大きな変化が起きていた。

１９８７年、台湾のモリス・チャンが、世界初のファウンドリーＴＳＭＣを設立する。

図表1－2　半導体の進化

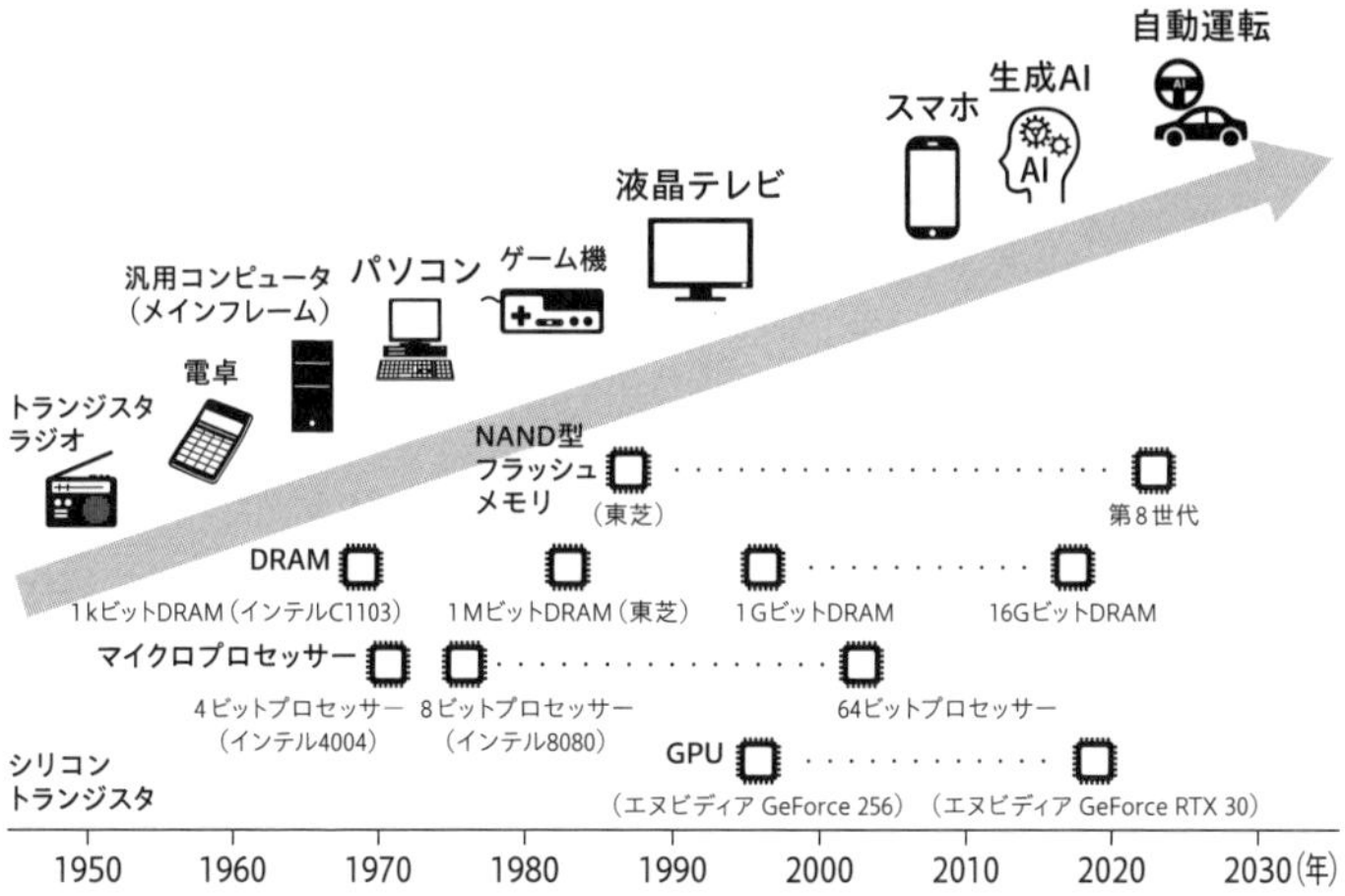

当初は鳴かず飛ばずだったというが、しばらくすると米国に半導体の設計だけを専門に行うファブレス企業がぞくぞくと誕生し始めた。クアルコム、ブロードコム、エヌビディア……。工場を持たない彼らにとって、TSMCは格好の発注先になった。

それまでは、設計から製造までを1つの会社が一貫して行う「垂直統合型」が主流だったが、このころから、設計と製造に分離された「水平分業型」へ大きくシフトしていく。

折しも、電卓、家電、汎用コンピュータ、パソコンと来て、1990年代に入ると携帯電話、そして2000年代にはスマホにも半導体が搭載されるようになり、半導体の需要は爆発的に拡大する（図表1－2）。年間10億台以上も売れるスマホの破壊力は絶大だった。

こうなると「餅は餅屋」で、ファブレスは設計に特化し、ファウンドリーは各社からの注文をまとめて大量生産するほうが、生産コストを一段と下げられる。

この流れを受け、中国は２０００年にファウンドリーの中芯国際集成電路製造（ＳＭＩＣ）を設立し、半導体への投資強化に乗り出す。サムスンも、２００５年にはファウンドリー事業に参入した。米国でも２００９年にグローバルファウンドリーズが設立される。

象徴的なケースが、２００７年にアップルが発売した初代ｉＰｈｏｎｅである。設計は米国のアップルだが、内部に埋め込まれた半導体はＴＳＭＣが製造している。

当初アップルはインテルに話を持ちかけるも、「そんなものは売れない」と蹴られてしまった。インテルはこのころ、ウィンドウズＯＳと一緒に「ウィンテル」としてパソコン業界を攻めまくっているところだったから、スマホの将来性を甘く見ていたのかもしれない。

結局、初代ｉＰｈｏｎｅの仕事を受けたのがＴＳＭＣであり、ＴＳＭＣはこれをきっかけに飛躍的な成長を遂げる。

ただ、台湾には半導体製造設備メーカーも、半導体材料メーカーもないため、各国から輸入するしかなかった。そこから、台湾を起点に、世界中に張りめぐらされたサプライチェーンが築かれていくことになる。

日本の製造設備メーカーや材料メーカーは、このサプライチェーンに組み込まれていった。ところが、肝心の日本の半導体メーカーはここでも乗り遅れてしまう。

業界再編はさらに続き、2008年には富士通が半導体事業を分社化して富士通セミコンダクターを設立、2010年にはNECエレクトロニクスとルネサステクノロジが合併してルネサス エレクトロニクスになった。それでも、状況は好転しなかった。親会社が不採算の半導体部門を切り離したかっただけで、継続的な投資をしなかったのだ。

2012年になってエルピーダメモリが経営破綻すると、これが「日本半導体敗戦」のダメ押しになった。このあと、長い長い「凪」の時代に入る。

加速する微細化

直近で、日本の世界における半導体シェアは10%を割り込んでいる（図表1－3）。

1984年には、世界の半導体売上高ランキングで日本メーカーはトップ10の中に5社もランクインしていたが、2023年にはその姿は1社もない（図表1－4）。

現在のボリュームゾーンはスマホやパソコン、5G（第5世代移動通信システム）インフラなどに使われるロジックとメモリであり、この分野では米国・韓国・台湾メーカーが

図表1－3　世界における日本の半導体シェアの低下

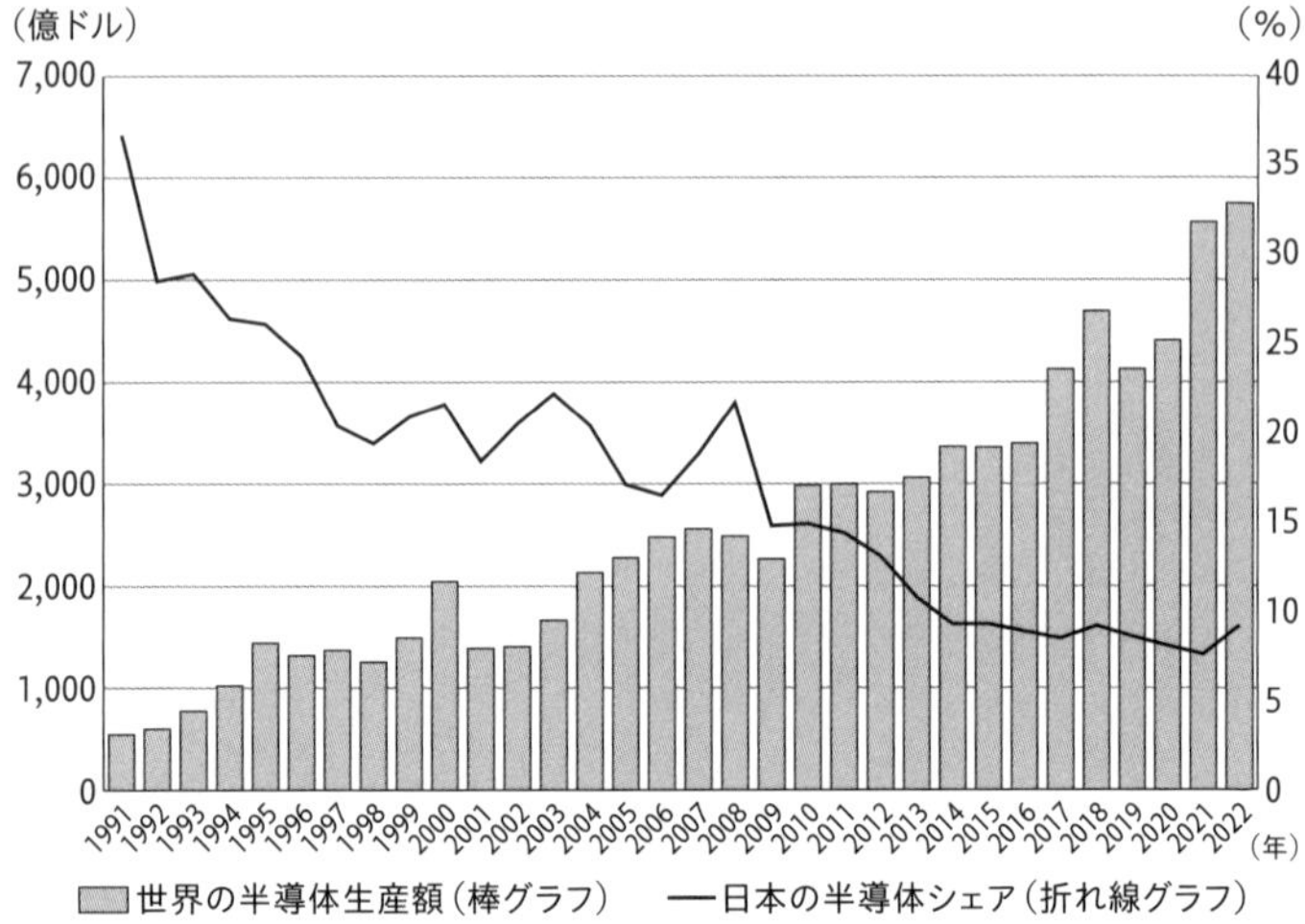

（出所）WSTS、シェアは各年末ベース

市場を席巻している。

日本メーカーが顔をのぞかせるのは、NAND型フラッシュメモリ（電源を切ってもデータが消えないメモリ）のキオクシア（旧東芝メモリ）、車載半導体のルネサス エレクトロニクス、パワー半導体（比較的大電流を使うことができる半導体で、自動車や家電で使われる）の三菱電機、東芝、富士電機、ローム、イメージセンサー（撮像素子）のソニーグループくらいしかない（図表1－5）。

このうち、古い技術でつくるレガシー品ではない、先端半導体と呼べるものを生産しているのはキオクシアだけであり、ロジック半導体（CPU、GPU［Graphics Processing Unit］、TPU［Tensor

図表1－4　世界の半導体売上高ランキング

1984年

1位	テキサス・インスツルメンツ	（米）
2位	モトローラ	（米）
3位	NEC	（日）
4位	日立	（日）
5位	ナショナル	（日）
6位	東芝	（日）
7位	フィリップス	（蘭）
8位	インテル	（米）
9位	AMD	（米）
10位	富士通	（日）

2023年

1位	エヌビディア	（米）
2位	インテル	（米）
3位	サムスン	（韓）
4位	ブロードコム	（米）
5位	クアルコム	（米）
6位	AMD	（米）
7位	SK ハイニックス	（韓）
8位	テキサス・インスツルメンツ	（米）
9位	インフィニオン・テクノロジーズ	（ドイツ）
10位	ST マイクロエレクトロニクス	（スイス）

（出所）セミコンダクターインテリジェンス

図表1－5　世界の半導体出荷額と主要なプレーヤー

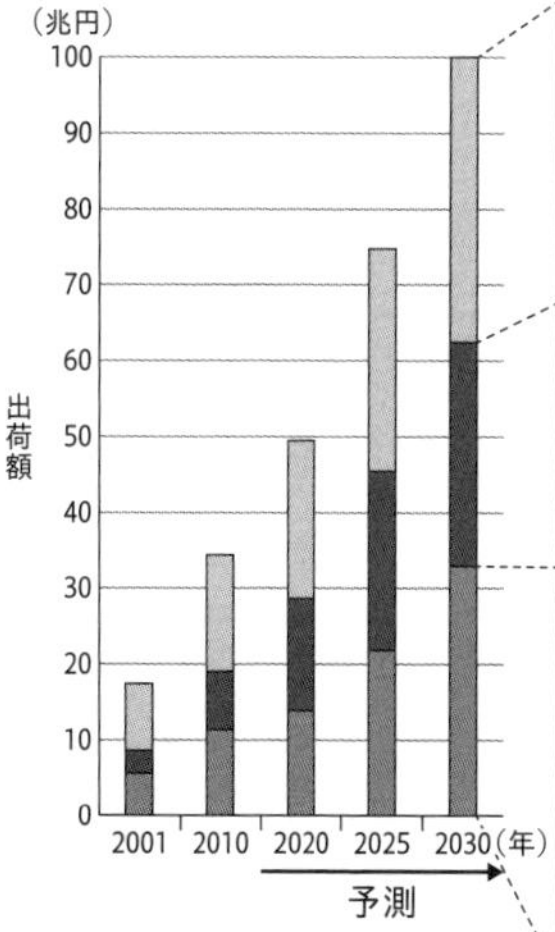

ロジック	IDM*	インテル	（米）
	ファブレス	ブロードコム	（米）
		エヌビディア	（米）
		AMD	（米）
		クアルコム	（米）
	ファウンドリー	TSMC	（台）
		サムスン	（韓）
		グローバルファウンドリーズ	（米）
メモリ	DRAM	サムスン	（韓）
		SK ハイニックス	（韓）
		マイクロン・テクノロジー	（米）
	NAND型フラッシュメモリ	サムスン	（韓）
		キオクシア	（日）
		ウエスタンデジタル	（米）
		マイクロン・テクノロジー	（米）
その他	パワー半導体など	インフィニオンテクノロジーズ	（独）
		オン・セミコンダクター	（米）
		ST マイクロエレクトロニクス	（瑞）
		三菱電機	（日）
		東芝	（日）
	イメージセンサー	ソニーグループ	（日）
		サムスン	（韓）
		オムニビジョン・テクノロジーズ	（米）
	アナログ半導体	テキサス・インスツルメンツ	（米）
		アナログ・デバイセズ	（米）
		クアルコム	（米）

*Integrated Device Manufacturer：製造から販売まで一貫して行う垂直統合型企業
（出所）経済産業省資料などをもとに筆者作成

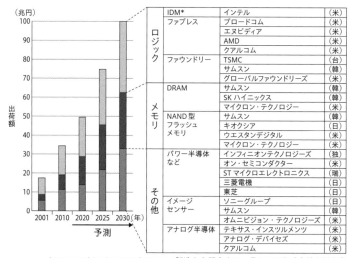

図表1－6　半導体の微細化

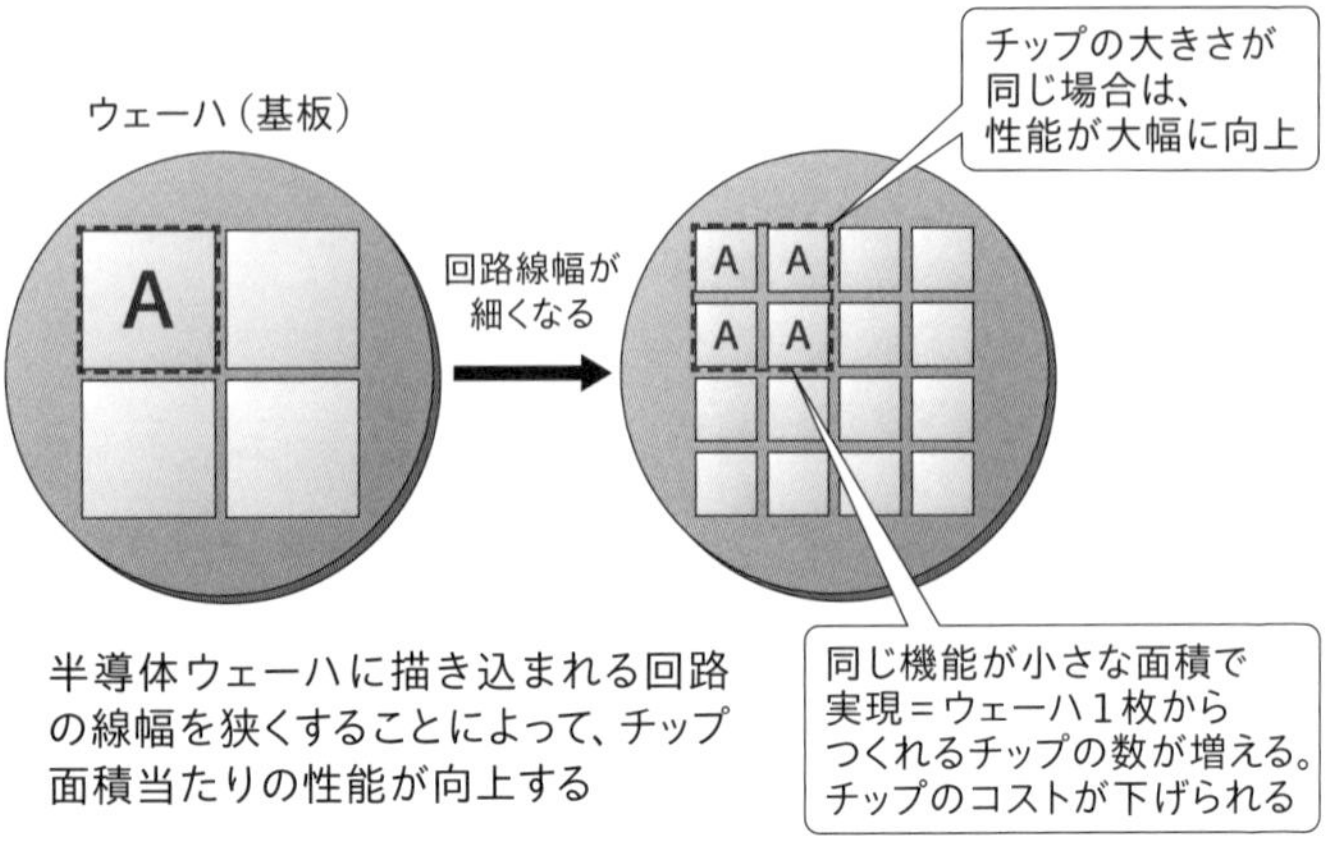
ウェーハ（基板）
A
回路線幅が
細くなる
A
A
A
A
チップの大きさが
同じ場合は、
性能が大幅に向上
同じ機能が小さな面積で
実現＝ウェーハ１枚から
つくれるチップの数が増える。
チップのコストが下げられる

半導体ウェーハに描き込まれる回路の線幅を狭くすることによって、チップ面積当たりの性能が向上する

Processing Unit〕など）をつくる日本企業はゼロだ。GPUとは、3Dグラフィックスなど画像描写に必要となる計算処理を行う集積回路〈ASIC〉で、処理速度が非常に高い。TPUはグーグルがニューラルネットワーク（後述）用に設計したASICである。

こうして日本が世界の舞台から姿をほぼ消したあと、半導体は猛烈なスピードで性能を上げていく。

ICチップの上にはたくさんのトランジスタが金属線でつながって配置されている。トランジスタそのものを小さくしたり（微細化）、金属線の幅を狭くしたりすることで、1つのチップ上に多くのトランジスタを搭載できる（集積化）。そうやって1つのチップ上の回路の密度を上げることで、演算処理性能が高まったり、消費電力を抑えられたりする（図表1－6）。

ちなみに、ムーアが示したのはあくまで「集積化」で「微細化」ではないが、この2つはかぎりなく近似値を取るため、本書では通常使われている「微細化」と表現する。

1959年に発明された集積回路は「プレーナー構造」といわれる。planarとは平面の、という意味だ。平坦なシリコンチップの上で、トランジスタのゲート電極の長さ（ゲート長）や金属線の幅をいかに小さくするかが微細化のポイントだった。

エルピーダが経営破綻したころまでは、プレーナー構造でも、ムーアの法則通り2年で2倍ずつ性能を向上させ続けていた。ただそれも40年ほど経ち、プレーナー構造では微細化の限界が近づいていた。

気づけばたった3社に

そこで2010年代からは、第2章で詳述する「FinFET《フィンフェット》構造」という立体的な構造に世代交代することで、ムーアの法則を維持してきた。

テクノロジー・ノードという言葉を聞いたことがある方も多いだろう。最小加工寸法とでもいうべきだろうか。テクノロジー・ノードの数字が小さいほど、微細化が進み、世代

図表1－7　半導体世代別寡占化の進行

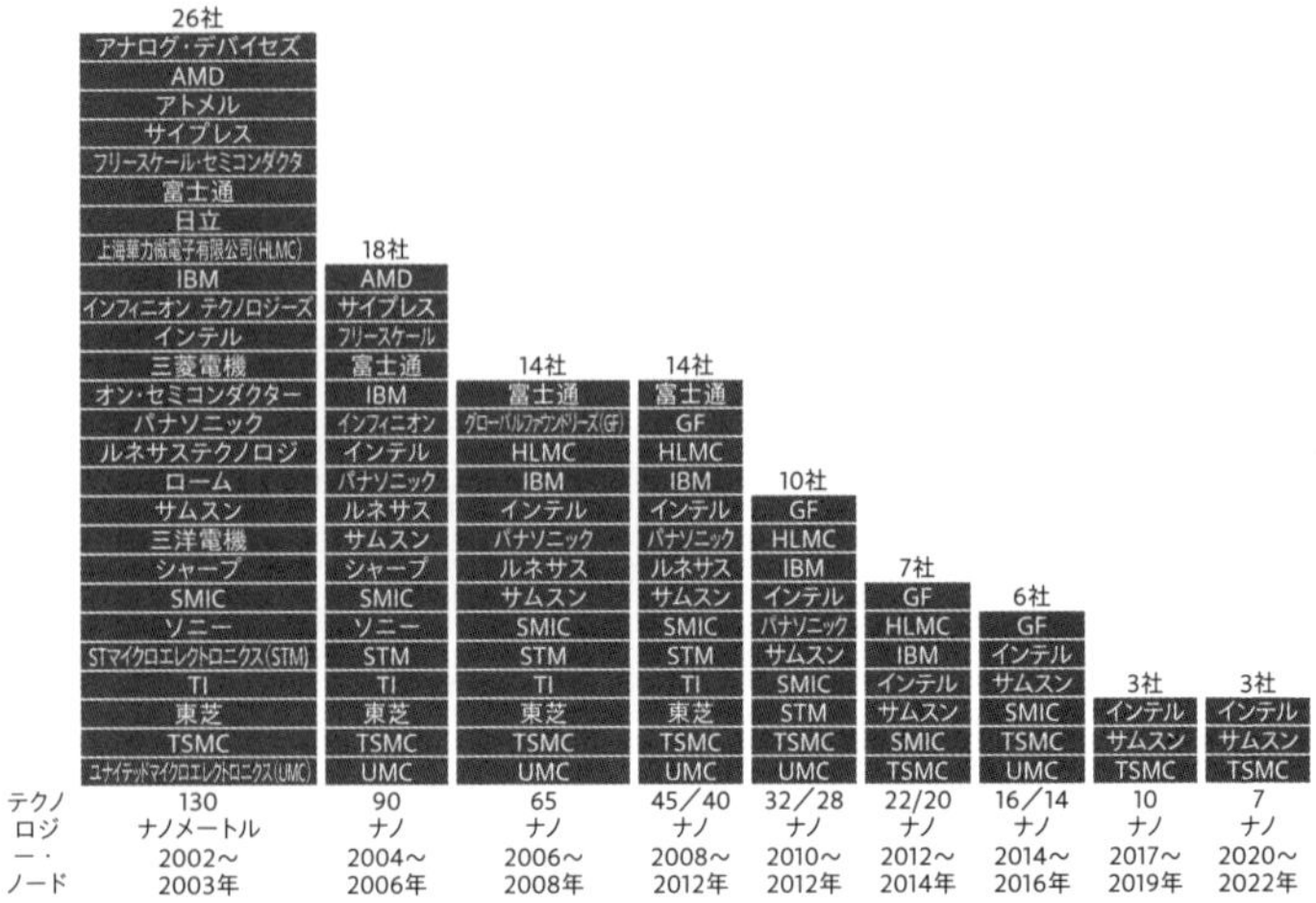

（出所）Yole 社資料をもとに筆者作成

交代が進んだことを意味する。

２００２〜２００３年ごろ、テクノロジー・ノードは１３０ナノメートル（１ナノメートルは１００万分の１ミリメートル）程度で、半導体メーカーは世界で26社あった。２００４〜２００６年には90ナノに微細化し、８社が微細化競争から脱落し、18社に減った（図表１－７）。

さらに２００６〜２００８年に65ナノ、２００８〜２０１２年に45／40ナノに進むと、14社まで絞り込まれた。ちなみに、「45／40」と表記するのは、各社によってノードに多少ばらつきがあるためだ。

実は、45／40ナノまでは、日本企業も微細化競争に参加していた。しかし、２０１０〜２０１２年に32／28ナノになると、ほとんどの日本企業が脱落する。唯一残ったのはパナソニックだったが、それも2012〜2014年の22／20ナノ以降はついていけなくなる。

2014〜2016年の16／14ナノには6社まで減り、ついに2017〜2019年の10ナノになると、気づけば残っているのはTSMC、サムスン、インテルの3社だけになっていた。

たった十数年で、プレーヤーが約8分の1にまで集約されてしまったのだ。

しかもその後、インテルは7ナノ化でつまずき、サムスンも5ナノの歩留まりに難航している。5ナノ、3ナノをいち早くクリアしたTSMCが、最先端半導体の製造をほぼ独占している。従来のテクノロジー・ノードはチップ内で実際に使われている物理寸法を表していたが、32／28ナノ世代ごろから微細化は飽和している。

現在のテクノロジー・ノードは単なる「商品ノード」となり、0・7倍で進む「世代」を表すものに変化している。つまり、5ナノ、3ナノ世代といってもチップ内のどこにも5ナノ、3ナノの最小寸法は使用されていない。

巨大でなければ生き残れない

現在、世界では年間1兆個を超える半導体が出荷されている。世界人口80億人で割ると、1人で140個の半導体を毎年購入している計算になる。一般的なガソリンを使う自動車の場合、半導体は数百個使用されているが、それが電気自動車（EV）では数千個使用される。

世界の半導体市場は2023年には5200億ドル（78兆円＝1ドル150円換算）に達し、遠からず1兆ドル（150兆円）になると見込まれている。その製造をほぼ3社が牛耳るというのは、ほかの業界ではなかなか見られない。

おそらく2000年代初期までは、1000億円もあれば工場ができた。それでも当時の私は「1000億円もかかるのか」と驚嘆した記憶がある。

しかし現在はケタが違う。

いま、世界最先端の半導体工場を建設しようとすると、2兆円を超える設備投資が必要だ。たとえばTSMCの米アリゾナ工場には、約400億ドル（6兆円）の巨費が投じられる。しかも、これは半導体製造工場だけにかかるカネである。

半導体の製造工程には4つのフェーズがある。

【前工程】

1．回路設計・マスク製造工程（回路・パターン設計、フォトマスク作成など）

2．ウェーハ製造工程（シリコンインゴット切断、ウェーハ研磨など）

3．ほか前工程（成膜、リソグラフィ、不純物の導入／拡散、エッチング、洗浄、メタル電極形成など）

【後工程】

4．後工程（切断、固定・接続、パッケージング、最終検査など）

この4つに必要な建屋、製造機械、制御系ソフトウエアなどが、いわゆる半導体製造工場にかかる費用と考えていい。

だが実は、その前にも、新しいデバイス構造を研究したり、製造技術を開発したりする〝研究／開発〟がある。これらにかかる費用も、年々膨れ上がっている。

つまり、膨大な投資に耐えられる規模まで企業が大きくならないかぎり、新たな微細化には挑戦できない。文字通り体力のある企業しか生き残れない世界になってしまったのだ。

図表1－8　半導体の微細化とともに露光装置市場は寡占化が進む

各社の出荷台数（台）

微細化 ↓

	キヤノン	ニコン	ASML
i 線	125	23	45
KrF	51	7	151
ArFドライ	0	4	28
ArF液浸	0	48	81
EUV	0	0	40

（注）2022年

半導体材料や半導体製造設備でも、巨大化や寡占化が顕著になっている。その典型は、オランダの露光装置メーカーＡＳＭＬだ。最先端半導体の製造過程で欠かせないＥＵＶ（極端紫外線）露光装置で独占的なシェアを誇る（図表１－８）。また、ＥＵＶ用の最先端フォトレジストを供給できる会社は数社に限られている。私の古巣ＪＳＲが属する材料業界でも寡占化が進んでいる。

「ムーアの法則」の変調

しかも、２０１０年代以降、ユーザーから微細化へのさらなる圧力がかかるようになってきた。

２０００年代までは、半導体の微細化と、コンピュータの性能の向上は、ほぼ同じスピードで進んできた。後者はフロップスという単位で表され、１ペタフロップスは１秒間に１０００兆回の計算が実行できる計算能力という意味になる。

ムーアの法則にのっとり、2年に2倍、半導体の性能が上がる。それにあわせてコンピュータの計算能力も2年に2倍上がる。そうした二人三脚のゲームだった。

そこに降ってわいたのが、第3次AIブームだ。

2012年9月、カナダのトロントで、コンピュータによる画像認識の精度を競う国際コンテスト「ImageNet Large Scale Visual Recognition Challenge」が開催された。優勝したのは、トロント大学のチームだ。ほかのチームの誤認識率が26％だったのに対し、ディープラーニング（深層学習）AIを駆使したトロント大学は17％と、約10ポイントもの差をつけた。

その3年後の2015年には、グーグルが買収したDeepMind社によって開発された「AlphaGo」が、人間のプロの囲碁棋士を破った。翌年には、韓国の囲碁棋士界における実力者との五番勝負で4勝1敗の戦績を収め、さらに次の年には中国ランキングトップ、世界でも屈指の棋士に三番勝負で全勝する。

図表1－9はAIに用いるコンピュータの計算能力を表したグラフだ。具体的には、1回の学習当たりどの程度コンピュータを回す必要かあるかを示している。

1950年代に誕生し、1960年代に第1次ブーム、1970～1980年代には第

図表1－9　AIの計算能力の推移

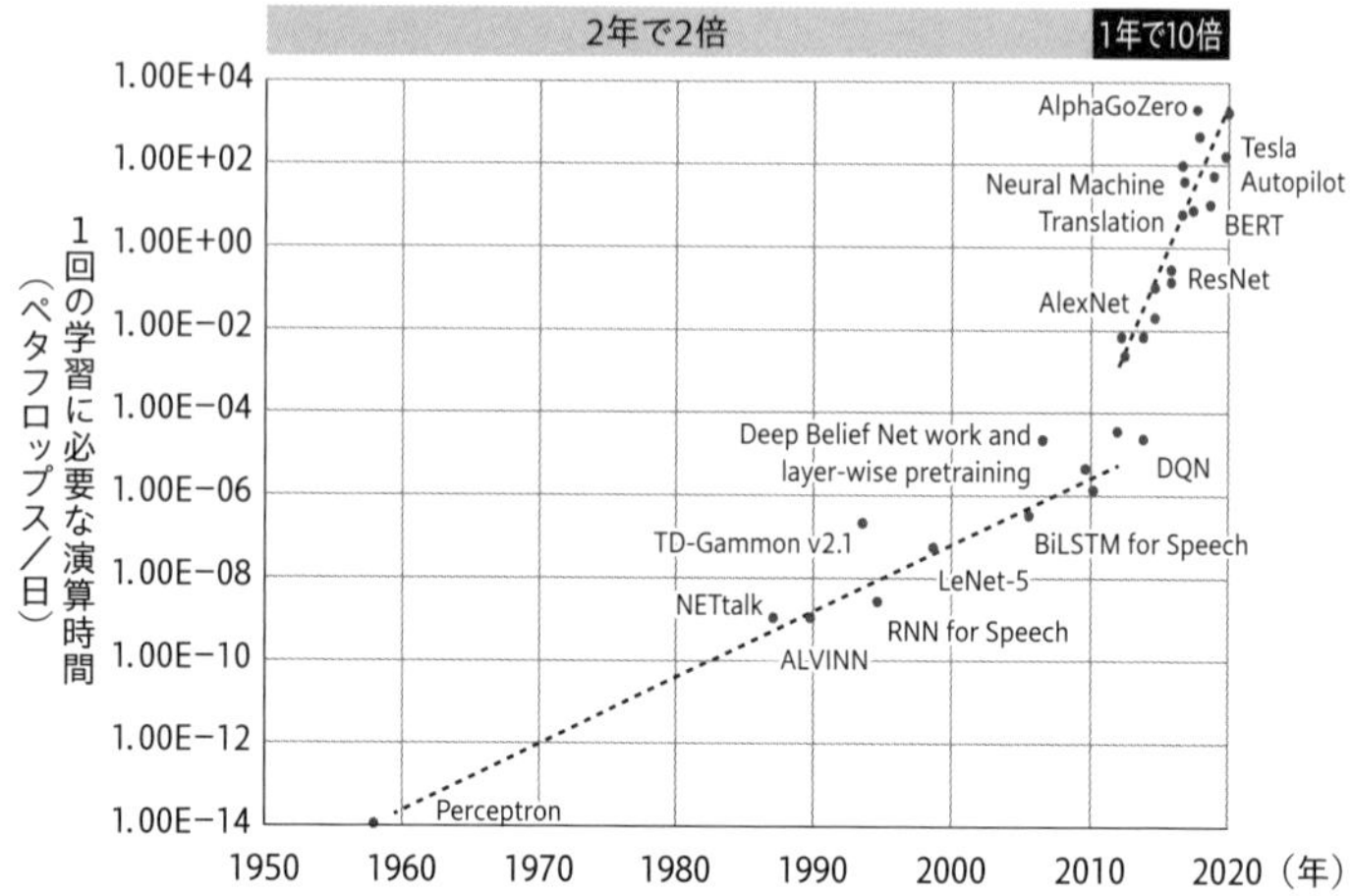

（出所）オープンAI

２次ブームも起こったＡＩは、２０１２年まではムーアの法則に歩調を合わせるように進化した。そのため、学習に必要な演算時間もなだらかな右肩上がりの直線を描いている。

ところが、例のコンテストがあった２０１２年以降、傾きが急変している。ディープラーニングの開花にともなってＡＩの利用が爆発的に増加したため、ケタ違いの計算能力が求められるようになったのだ。それは３～４カ月で２倍、１年で10倍……という、激烈なものだった。

GAFAMのしたたかさ

しかも生成ＡＩが登場し、第３次ＡＩブ

ームが起きてからは、さらにその傾向が強まっている。

２０１８年に初めて発表されたＧＰＴ（ＧＰＴ－１）が進化し、「ＧＰＴ－３・５」や「ＧＰＴ－４」になると、１回の学習当たり１００日程度も計算機を回す必要が出てきた。ＣＰＵの計算能力では、もはや追いつかないところまできている。

そこで、複数の演算処理を同時に素早く行う「並列処理」が可能なＧＰＵの併用が進んできた。

ただ、ＧＰＵはＣＰＵに比べて非常に高価格である。ＧＰＵを大量に購入できるのは資金力が豊かな一握りの企業にかぎられる。それが、ほかでもないＧＡＦＡＭだ。ＣｈａｔＧＰＴを開発したオープンＡＩはベンチャーだが、マイクロソフトが出資している。

先ほどユーザーサイドからの微細化圧力といったが、ユーザーというのはほかでもない、ＧＡＦＡＭなのである。

図表１－10は、マイクロソフトを除くＧＡＦＡの売り上げ推移を示したグラフだ。一見してわかるように、２０１５年ごろを境に、各社のグラフの傾きはぐっと上向きになっている（アップルについては、物販などの要因が入ってくるため、他社に比べて特徴的には表れていない）。

どういうことだろうか。ご存じの通りＧＡＦＡＭは１９９０年代以降、インターネット

図表1－10　GAFAの売上高推移

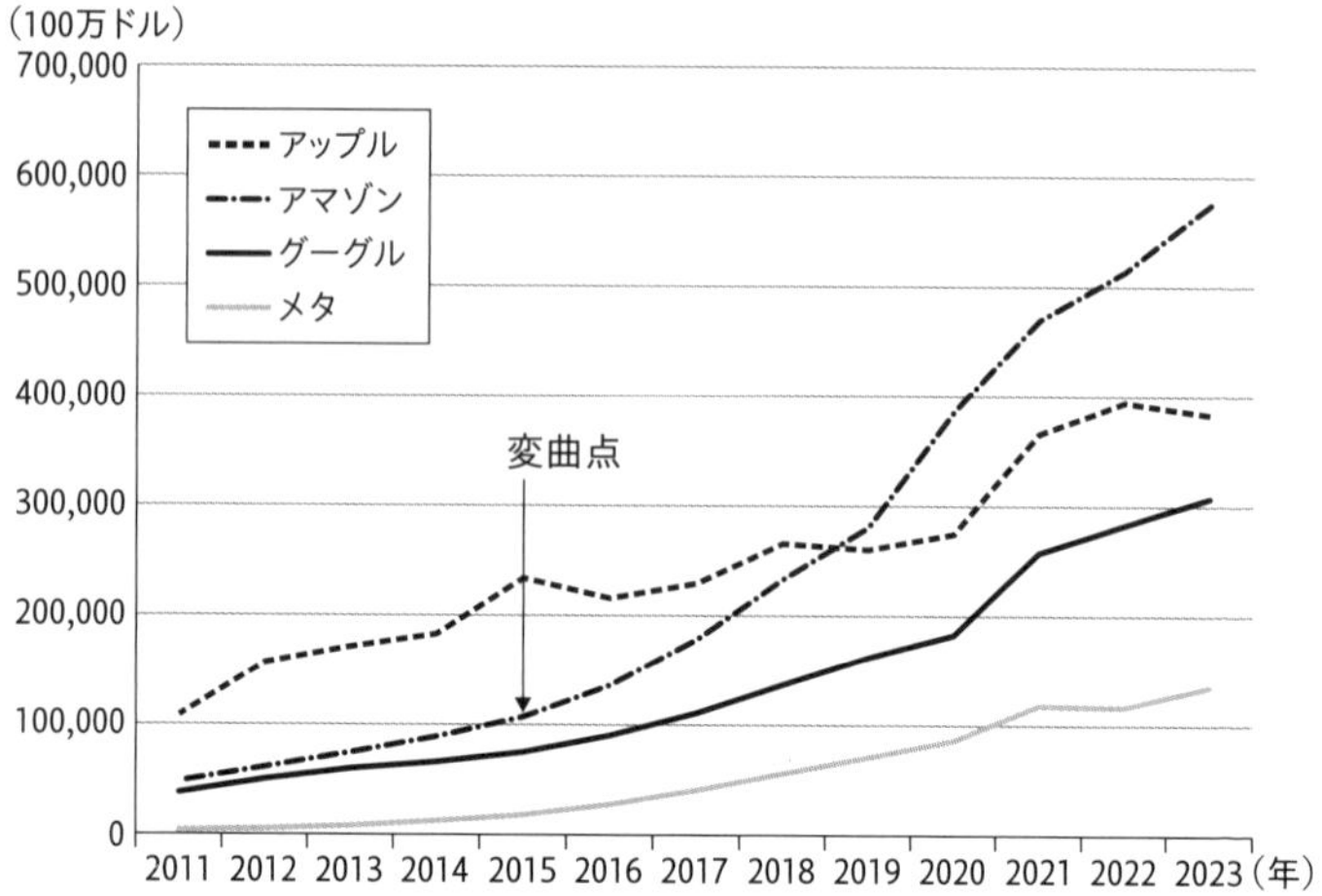

の世界で存分に稼いできた。しかし、第3次ＡＩブームが到来するやいなや、ＡＩを次のフロンティアと見定める。

事実、ＡＩは一過性のブームでは終わらなかった。それに気づいた企業が慌てて投資をしてももう遅い。いち早く巨額の資金を投じていたＧＡＦＡＭは、誰よりも早くＡＩから巨額の売り上げを手にするようになっていたのだ。

機を見るに敏というべきか、好機を決して逃さない、先を読む力がＧＡＦＡＭをＧＡＦＡＭたらしめているといっても過言ではない。

残念ながら、日本のＩＴ企業に同じような例は見つからない。インターネット産業にも出遅れ、ＡＩ技術の産業化にも乗り遅れた。日本は半導体のレースから脱落しただけでなく、半導体の性能向上がもたらした果実も逃してしまったのだ。

中国から始まった「国産化」の動き

世界のこうした激流から遠く離れ、凪の中にい続けた日本。

いつしか「半導体はつくるものではなく、買ってくるものである」という考えにどっぷり浸かるようになっていた。

「ほかの国に半導体をつくれる企業がたくさんあるのだから、日本が無理してつくらなくても、そこから調達すればいい」

水平分業でいいではないか、グローバリズムばんざいというわけだ。

しかし、そうもいっていられない動きが、政治の世界から起き始めたのである。

それは、2010年代中ごろの中国で始まった。発端は、2014年に設立された「国家集積回路産業投資基金（大基金、ビッグファンド）」である。半導体産業の国産化を実現するため、中央政府から5兆円、地方政府からも5兆円規模の資金が投入されることになったのだ。同じ年には半導体振興政策「国家IC産業発展推進ガイドライン」も公表された。

ビッグファンドが発表されたとき、私はすでにＪＳＲの社長に就任しており、半導体材料メーカーの経営者として中国に呼ばれた。中国政府とじかに話をする中で、政府の非常に強い意思をひしひしと感じたのを覚えている。

翌２０１５年、中国は「中国製造２０２５」と呼ばれる産業政策を策定する。半導体、５Ｇ、航空・宇宙設備、さらに超電導素材やナノ素材などの新素材といった10分野23品目を指定し、製造分野の高度化をめざすというものだ。建国１００年となる２０４９年に、世界の製造強国のトップグループ入りしようとする〝30年の計〟だった。

中でも、半導体についての戦略は野心的だった。当時、中国は液晶ディスプレーで台頭しており、シャープを抜いて先頭を走っていたサムスンやＬＧを抜いて世界のトップに立とうとしていた。さあ次は半導体だということだったのだろう。２０１６年に33％だった半導体の自給率を、２０２０年までに約50％、２０３０年には約80％にまで引き上げるという目標を明らかにしたのだ。

すぐに、紫光集団などが出資し、２０１６年にメモリを生産する長江存儲科技（ＹＭＴＣ）が設立された。当時、インテルの技術部門にいた中国人技術者をトップに据えたことでも大きな話題となった。

２０００年に設立されていた上海のファウンドリー、ＳＭＩＣの製造能力も拡張された。

新工場の着工も相次ぎ、2016年には13、2017年には26もの工場が着工された。

「これはただごとではないぞ」。私は中国の動きに、恐れにも近いものを感じていた。

中国サイバーセキュリティ法の脅威

「SEMI《セミ》（Semiconductor Equipment and Materials International）に加盟する企業の皆さんは、中国進出に気をつけるべきだ」

SEMIとは、半導体の装置、材料、ソフトウエアをまたいだ世界的な業界団体だ。SEMIは毎年1月に米国でストラテジー・カンファレンスを開く。

忘れもしない、2018年1月のストラテジー・カンファレンスで、壇上に立った私はこうスピーチした。中国をサプライチェーンに深入りさせることに警鐘を鳴らしたつもりだった。

ところがこの発言は、強い批判を浴びた。

「ミスター・コシバ」

振り返ると、SEMIの幹部が渋い表情をして見つめている。

「あのスピーチはどうだろうな。世界はグローバルだ。サプライチェーンもグローバルで成り立っているのだから、中国批判はあまりしないでくれ」

何だって……。私はあまりの認識の差に驚いた。

私が中国を警戒する根拠はほかにもあった。中国が2017年6月1日に施行した「サイバーセキュリティ法」である。

サイバーセキュリティ法の内容の多くは、インターネット上のセキュリティの危険性をつみ取ろうとする至極まっとうなものである。ただし、「(中国にとって)重要な情報インフラを攻撃・破壊する国外組織や個人に対する処罰」をすると規定している点が、私は気になった。

もし将来、中国で「半導体は重要情報インフラである」と位置づけられ、中国が自国の半導体産業の競争力に自信を持ったらどうなるか。おそらく、外国企業が自社の中国工場から本国にデータを持ち出すことが許されなくなる。同様に、外国企業が中国半導体メーカーに納入した装置からもデータは抜き出せなくなるだろう。そう直感したのだ。

米国議会も早くから警戒していたが……

このころ、同じように、中国の動きをいち早く危険視したのが米国議会である。

中国の通信機器メーカーに安全保障上の脅威があると調査を開始し、2012年には政府に中興通訊（ZTE）製品に規制をかけるよう進言した。

しかし、このときの米政府の反応は鈍かった。

米国には「PCAST（President's Council of Advisors on Science and Technology）」という諮問機関がある。イメージ的には大統領科学技術諮問会議といったところだろうか。PCASTのメンバーは15人程度で、学者のほか、経済界からも加わるのがつねだ。年に数回会議を開き、政策のもととなる報告書を発表する。

いろいろな評価があるドナルド・トランプ前大統領だが、コロナワクチンの開発・供給計画「オペレーション・ワープ・スピード」は、間違いなく大きな功績だったといえる。まさにすさまじいスピードでワクチンをつくり上げたのだが、その背後にはPCASTの提言があったといわれている。

そんなPCASTで、「半導体の長期的な競争力を保つための方策」がテーマになったことがある。バラク・オバマ元大統領の2期目の終盤に当たる2016年のことだ。

このときは、世界第3位のファウンドリーであるグローバルファウンドリーズの社長だったアジット・マノチャ（SEMIの現会長兼CEO）や、インテルの第4代社長クレイグ・バレットなど、そうそうたるメンバーが招集された。

しかし、PCASTが出した提言は、米国が中国をグローバル経済において欠くことができない貿易相手国と見ていたことがわかるものだった。

「中国には懸念材料が山ほどあるが、世界はグローバルであり、半導体は非常に複雑なサプライチェーンになっている。それには手をつけられないだろう。だから、米国は他国に追いつかれないように速く走ればいい」

世界中の情報が集まる米国の、しかも大統領の諮問機関でさえ、グローバリズムは未来永劫続くと考えていたのだ。

ファーウェイのバックドア疑惑

米国の対中制裁がようやく本格化したのは、2018年4月になってからだ。きっかけは、中国通信機器大手のZTEが、米国の拠点からイランや北朝鮮に違法に通信機器を輸出し続けたことだった。米国政府はZTEに対し、米国企業との取引の7年間禁止を言い渡す。

2019年に米国政府は、中国通信機器大手の華為技術（ファーウェイ）も輸出管理法に基づくエンティティー・リスト——つまり禁輸リストに加え、米国由来の技術やソフトウエアを使用した製品の輸出を許可制にした。ファーウェイの製品に、不正アクセスの侵入口である「バックドア」が仕掛けられ、機密情報などが漏洩するリスクがあるという理由からだった。

この影響は、ファーウェイ製品の半導体を設計するファブレス子会社の中国ハイシリコンや、生産を請け負うSMICにもすぐさま飛び火した。

わずか数年前にはPCASTで「懸念なし」としていた米国が〝変心〟した理由は何だったのか。

1つは、ZTEの違法輸出やファーウェイのバックドア疑惑が、米国の経済安全保障政策をあからさまに刺激する行為だったことだ。さらには、2019年から始まった新型コロナウイルス感染拡大が半導体の製造・供給を直撃したことがダメ押しになったのだと思う。米国でも自動車メーカーが減産に追い込まれ、政府間ルートで台湾に増産を要請する事態になった。

このあたりから米国は、中国の半導体国産化計画の脅威にはっきりと気づいたのではないだろうか。

中国が世界の半導体トップになる脅威もさることながら、中国に最先端半導体が十分に供給されると、最新鋭の武器に使われてしまうリスクもある。実際、2022年4月にロシアの巡洋艦「モスクワ」が、３週間前に開発されたばかりのウクライナの対艦ミサイル「ネプチューン」２発で撃沈されたが、これも、半導体を使ったエレクトロニクスの精度が向上したことがミサイルの精度に直結していたのは間違いない。

米中半導体摩擦へ

そこから米国はたたみかけていく。２０２０年5月には、中国に対して、米国由来の技術やソフトウエアを使用して生産された半導体を輸出規制の対象とするよう制裁を強化する。

この動きに呼応し、ＴＳＭＣがファーウェイに対して半導体供給の停止に踏み切る。同年に米国は、ＳＭＩＣをエンティティー・リストに追加し、オランダのＡＳＭＬしか実用化していないＥＵＶ露光装置を輸入できない状態に追い込んだ。

ただここまではあくまで個別企業を狙った制裁にすぎなかった。

２０２２年10月7日、ついに中国全体を対象にしたともいえる制裁に踏み切る。

・ＡＩ処理やスーパーコンピュータに利用される半導体の輸出禁止

・最先端半導体の開発・生産にからむ設計ソフトウエアと製造装置の輸出も禁止
・成膜装置の輸出も米政府の許可が必要
・中国の半導体装置メーカー向けの部品・材料の輸出も禁止

中でも、日本、韓国、台湾、オランダなどから輸入していた半導体製造設備や設計支援ソフトウエアまで規制したのは決定的だった。実際、半導体生産設備に強い日本やオランダなどがこの規制に呼応し、禁輸の対象は半導体メーカーなど世界36社に拡大された。

「10月7日制裁」は、中国の最先端半導体の開発・生産を事実上不可能にする意図のものだったのだ。

ちなみにここでいう最先端半導体とは、先に説明したテクノロジー・ノード（最小加工寸法）が16／14ナノメートル以降のロジック半導体、最小線幅18ナノメートル以降のＤＲＡＭなどのことをいう。

半導体は戦略物資になった

一方、米国は半導体の国産化にも大きく舵を切る。

その象徴ともいえるのが、2021年度国防授権法で半導体への歳出を決定し、2022年8月に成立した「CHIPS and Science Act（CHIPS法）」だろう。この法律で、米国国内での半導体製造や研究開発に527億ドル（約8兆円）の補助金を出すほか、半導体製造装置関連に25％の投資減税を決めた。

これを受けて、インテルがアリゾナ州にプロセッサー工場、オハイオ州にファウンドリー工場を建設すると発表した。さらにはサムスンがテキサス州にファウンドリー工場、マイクロン・テクノロジーがアイダホ州とニューヨーク州にDRAM工場、テキサス・インスツルメンツがテキサス州などにアナログ半導体工場を建設することになった。

中でも最もインパクトが大きかったのは、TSMCがアリゾナ州に工場を建設すると発表したことだろう。台湾企業が米国の半導体国産化に与するような話であり、中国として黙っていられるわけがない。

そこで取りざたされ始めたのが「台湾有事」――つまり、中国が台湾を非友好的手段で統合し、TSMCを支配下に置くという可能性だ。

台湾が中国の一部に組み込まれれば、台湾は米国の規制対象の網にかかることになる。そうなったらもうTSMCから半導体を買えなくなる。

それだけではない。半導体材料メーカーからすれば、TSMCへの売り上げが激減することになる。半導体装置メーカーにとっても、TSMCからの新規受注はもちろん、これまでに納入した装置の保守やメンテナンスをするのさえ厳しくなる。

軍事侵攻までいかなくても、「もし中国が台湾近海の海上を封鎖したら?」「もし中国が台湾にサイバー攻撃を仕掛けたとしたら?」といった懸念が一気に吹き出した。

ここ数年の、半導体をめぐる米中関係の緊張の高まりは、かつての日米半導体摩擦とは次元が異なる。当時はシェアがどうとか、自国企業が生き残れるかどうかといった、あくまで産業レベル、民間レベルの話だった。しかし、いま起きているのは半導体を〝武器化〟した、国家レベルの摩擦だ。

つまり、半導体は国家の戦略物資になったのである。

「グローバリズムはほぼ死んだ」

ちなみに、中国のビッグファンドは結果的には頓挫した。中心人物が2022年に汚職で逮捕され、紫光集団も経営破綻に追い込まれている。中国製造2025のその後も、実はわからない。習近平国家主席は同政策が米中対立の火種になったことを意識してか、重要性や進捗度合いについて公言しなくなった。

だからといって、一度動き始めた「半導体囲い込み」の地殻変動は、もはや誰にも止められない。

「グローバリズムはほぼ死んだ。自由貿易もほぼ死んだ。多くの人がまた復活すると願っているが、私はそうなるとは思えない」

ＴＳＭＣの創業者モリス・チャンは、前述した米アリゾナ工場の設備搬入式典（２０２２年12月）でこう語っている。平和だった水平分業時代は終わりを告げたのだ。

その証拠に、ＳＥＭＩによると、２０２２年には世界で33件、２０２３年も24件の半導体量産工場が着工した。２０２４年には30件の工場が着工する予定である。

国も、高額な補助金を出してサポートを惜しまない。米国のＣＨＩＰＳ法で５２７億ドルの補助金が決まったのは前述の通りだが、韓国も「半導体超強大国達成戦略」のもと、２０２６年までに３４０兆ウォン（約37兆円＝１ウォン０・11円換算）以上の投資を支援する。欧州も次世代半導体の欧州域内生産の世界シェア20％以上を目標に定め、「欧州半導体法案」で２０３０年までに４３０億ユーロ（約７兆円＝１ユーロ１６０円換算）規模の官民投資を計画している（図表１－11）。

各国が半導体の囲い込みに転じたいま、自国で生産能力を持とうとしない国に対して、誰も手を差し伸べてはくれなくなるだろう。

図表1－11　各国政府の半導体産業への投資額

日本	**約4兆円** TSMC熊本工場（JASM運営）に建設費の約半分、ラピダスには初期投資のほぼ全額を補助
米国	**約8兆円** 2022年、CHIPS法成立。5年間で527億ドル（約8兆円）の資金提供のほか、4年間の25％税額控除
欧州	**約7兆円** 2022年、欧州半導体法案を公表。2030年までに430億ユーロ（約7兆円）以上の官民投資を計画
中国	**約10兆円** 2014年より国家集積回路産業投資基金（官製ファンド）から5兆円を超える投資を実施。地方政府では半導体産業向けの基金として5兆円超
韓国	**約5.5兆円** 2026年までに340兆ウォン（約37兆円）以上の官民投資を計画。政府が50兆ウォン（約5.5兆円）を融資し、最大25％の税額控除

（出所）経済産業省資料などをもとに筆者作成

それは、ロシアとウクライナの戦争を見れば明らかだ。ロシアの理不尽な侵攻に対してウクライナが自国の軍隊で懸命に戦って持ちこたえたからこそ、米国やＮＡＴＯ（北大西洋条約機構）が手を差し伸べたのではないだろうか。半導体の供給を他国任せにする国は、有事の際、他国から融通してもらうことさえもできなくなるだろう。

しかし、ことここに至ってもなお、日本では危機感が薄かった。半導体業界内では、米中が冷静になり、コロナも収束すれば、また水平分業時代に戻り、グローバリズムは復活するだろうと思われていたのである。

なぜ、この決定的な変化をわかってもらえないのか。もどかしい思いが募っていた２０１９年、私は経済同友会の副代表幹事を拝命する。

ＪＳＲという一材料メーカーの役員としてではなく、経済団体の幹部としてならば、少しは耳を傾けてもらえるかもしれない……。私は、ことあるごとに「半導体を戦略的にとらえなければならない」「台湾有事が勃発して、日本国内に半導体製造能力がなかったら、いったいどの国が助けてくれるというんですか」と主張した。

しかし、なかなか理解されない。そこで、「このままでは日本はデジタル赤字になりますよ」と訴えることにした。〝戦術〟を転換したのだ。

クラウド支出が止まらない

私の訴えは次の通りだ。

ご存じの通り、日本の経常収支の中でサービス収支は何十年も赤字が続いている。とくにここ最近は、クラウドサービスの利用が赤字を押し上げている。

日本国内のクラウドサービスにおいては、アマゾンのＡＷＳ（アマゾン ウェブ サービス）やマイクロソフトのＡｚｕｒｅといった海外企業のサービスが圧倒的に強みを握っている（図表１－12）。日本でクラウドサービスを利用する場合、どうしてもＡＷＳやＡｚ

図表1－12　クラウドでは海外事業者が圧倒的に強い

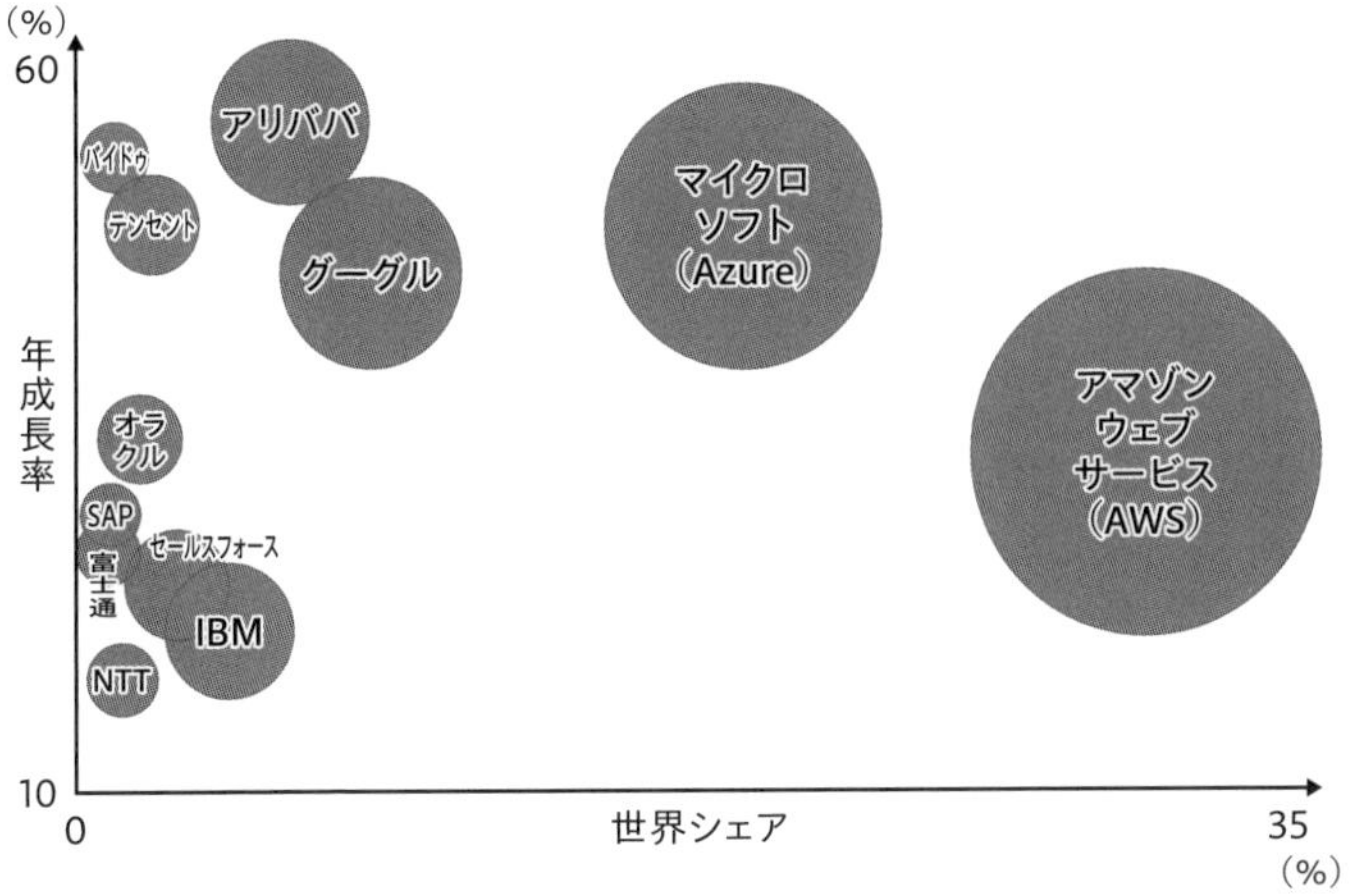

（出所）経済産業省資料をもとに筆者作成

ureを選択せざるをえない。

結果として、こうしたクラウドサービスの利用が赤字を押し上げている。政府と民間を合わせたパブリッククラウド支出は、2021年でおよそ2兆円にも上る。

これに、グーグルのような外国勢の検索エンジンに掲載するデジタル広告費や、ごく最近ではChatGPTなど海外の生成AIを利用するための支出などを合わせて、私は「デジタル赤字」と名づけた。

このまま手をこまぬいていると、デジタル赤字は拡大する一方だ。予測では、2030年には約8兆円の赤字になると見られている。2021年の原油の輸入額が約6兆9000億円だから、その金額よりも大きくなってしまう計算だ（図表1－13）。

図表1－13　デジタル赤字が止まらない（コンピュータサービスの国際収支）

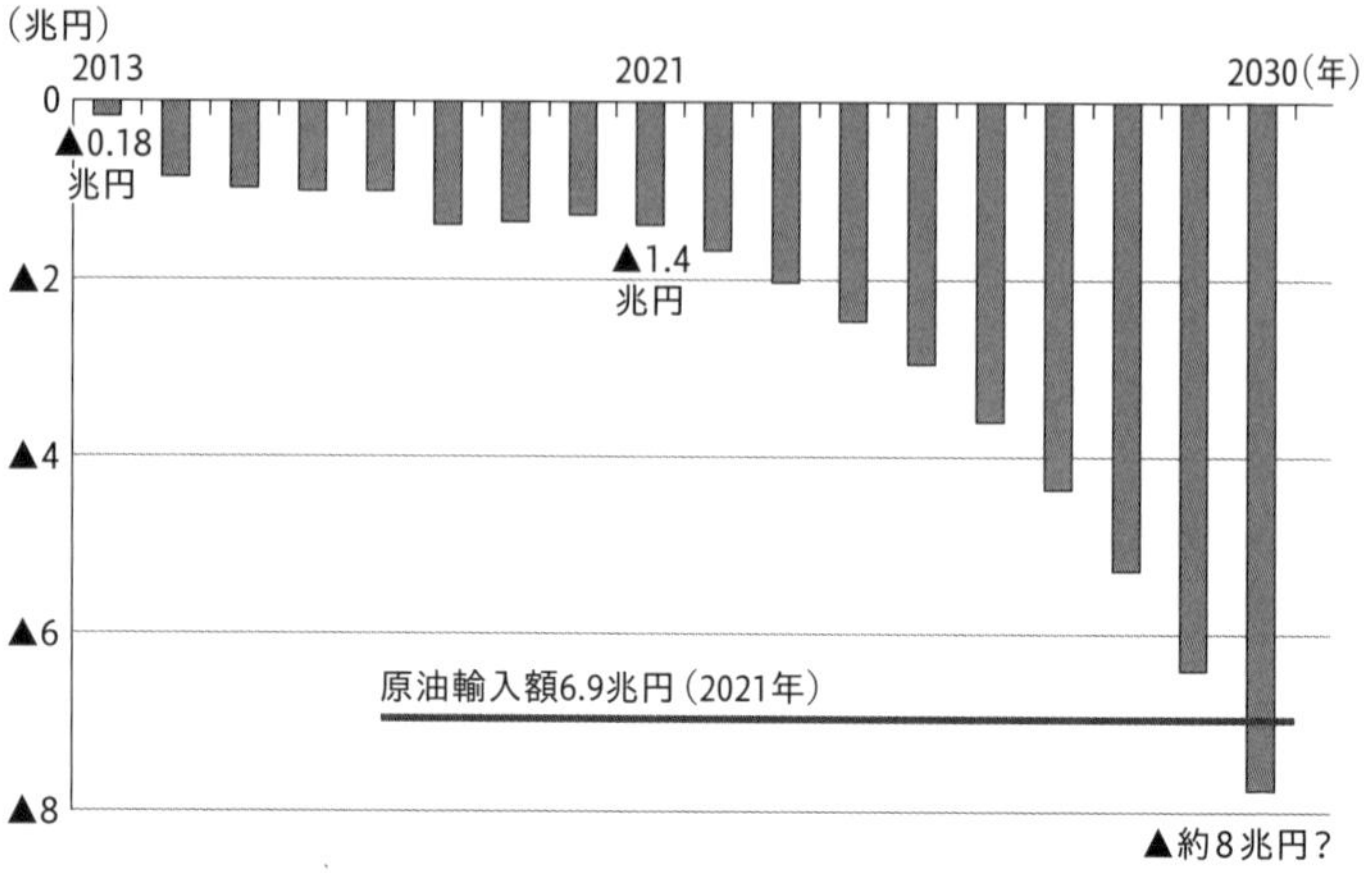

（出所）経済産業省資料をもとに筆者作成

デジタル赤字を減らすには、国内企業によるパブリッククラウドや生成ＡＩを整備するしかない。それには大量のサーバーと、サーバーに搭載する半導体が必要になる。「だとすると、国内においても半導体のサプライチェーンを構築する必要があるはずです」――。

そう訴えかけると、何となく話を聞いてもいいか、という人が増え始めた。日本人は、黒字だとか赤字だとかいうワードには敏感なのかもしれない。

ようやく動きらしい動きが起きたのは、２０２０年に開かれた、半導体のサプライチェーンに携わる企業が集まる会合である。

この場で、東哲郎氏（元東京エレクトロン会長）や小池淳義氏（元トレセンティテクノロジーズ社長)、自民党議員の甘利明氏がはっきり「半導体は重要だ」と発言したのだ。

このあたりから、日本でも半導体製造を推進しようとするうねりが加速し始めた。もし経済同友会の提言が少しでもこの動きに寄与したのなら嬉しいかぎりだ。

そうこうしているうちに、半導体が注目されざるをえないような出来事がつぎつぎと起きていく。コロナ禍による半導体不足では、日本経済も大混乱になった。トヨタ自動車は一時生産停止に追い込まれ、エアコン、カーナビ、電子ピアノ、医療機器など「こんなものまで」という製品の生産を直撃した。さらに台湾有事が取りざたされるようになり、さすがの日本でも「国産化」が現実味を帯びて議論されるようになったのである。

台湾有事の影響についてはさまざまなシミュレーションがある。仮に半導体の供給がストップした場合、日本の製造業の3分の1が操業停止に追い込まれるという。その影響は、コロナ禍における半導体サプライチェーンの混乱を上回り、GDPの10%もしくはそれ以上が吹き飛ぶかもしれないという試算もある。日本のGDPは約600兆円だから、60兆円という途方もない数字になる。

遅まきながら日本も動き始めた

そうした中、経済産業省は2021年3月24日、「第1回半導体・デジタル産業戦略検討会議」を開催した。

この会議は、2023年11月29日に開催された第10回まで行われており、私は2022年4月14日に開催された第5回の会議から、産業界の代表の1人として参画している。

この会議は、大きな分岐点になった。

会議の内容は「我が国半導体産業復活の基本戦略」と名づけられ、さまざまなプロジェクトが動き出した。

プロジェクトは大きく3つのステップにわけられる。

ステップ1：「IoT（モノのインターネット）用半導体生産基盤の緊急強化」……半導体の製造拠点を国内につくる

ステップ2：「日米連携による次世代半導体技術基盤」……最先端のロジック半導体を米国と開発する

ステップ3：「グローバル連携による将来技術基盤」……低消費電力かつ高速データ処理を可能にする半導体技術を実現する

まずはステップ1に向けて、2021年度補正予算で6170億円を要求した。新エネルギー・産業技術総合開発機構（NEDO）の基金としてプールして、機動的に助成できる体制を整えた。

助成先に決まったのが、次の3つのプロジェクトだ。

1つは、熊本県菊陽町にTSMCが建設するロジック半導体のファウンドリーだ。TSMC（約70％）・ソニーセミコンダクタソリューションズ（約20％）・デンソー（約10％）が出資するジャパン・アドバンスト・セミコンダクター・マニュファクチャリング（JASM）が運営する。その設備投資額約86億ドル（約1兆2900億円）のうち、4760億円の助成を行うことになった（2023年10月時点）。

JASMは28／22ナノメートルおよび14／16ナノメートルの半導体を生産し、2024年中の出荷をめざす。世界最先端のファウンドリー企業のTSMCに、世界最先端から取り残された日本で先端半導体の生産をしてもらうことは、日本の半導体復権の第一歩になる。ソニーセミコンダクタソリューションズとデンソーが出資するのは、スマホカメラに使用するイメージセンサーと自動車に搭載するマイコンがそこで製造されるからだ。

もう1つが、三重県四日市市のキオクシア・米ウエスタンデジタル（WD）の合弁会社に対する助成だ。設備投資総額約8000億円に対して最大2000億円強を助成し、第6世代3次元フラッシュメモリの生産を行う。

最後が広島県東広島市の米マイクロンメモリ。設備投資額5000億円規模に対して約2000億円の助成を行い、1β世代および1γ世代のDRAM製造を行う。最小加工ピッチは13ナノレベルだという。

9兆円の経済波及効果

この中で、1つ目のTSMC新工場のニュースが2021年11月に報じられると、蜂の巣をつついたような騒ぎになったのは、「はじめに」でも触れた通りだ。

私のところにも、「小柴さん、なぜ日本は急に半導体をつくることにしたんですか」と興奮しながら聞いてくる人がいた。皆さんの中にも急転直下ととらえた方がいるかもしれないが、ここに至るまでにはお話ししてきたような大きな世界の流れがあったのである。

すでにJASMの工場周辺には、さまざまな半導体関連企業が進出の名乗りを上げている。シリコンウェーハのＳＵＭＣＯ、高純度化学薬品の東京応化工業、製造設備の東京エレクトロンなど、材料や製造設備の企業が熊本県に7カ所、九州他県に7カ所、合計14カ所に13の企業が集積する。

こうした企業の立地予定地周辺では、従業員をあてこんだマンションなどの建設ラッシュが進み、地価も上昇している。

ＪＡＳＭの経済効果について、経産省はさまざまな分析をしている。キオクシア・ＷＤ合弁会社との合算ではあるが、投資額約８０００億円に対して最大２０００億円強を助成し、稼働から10年間のＧＤＰに対する影響額で３兆１０００億円から４兆２０００億円の経済効果、９兆２０００億円の経済波及効果があるという。税収は５８５５億円から約９８００億円の範囲で効果が出るという分析もある。

ステップ1だけでもこれだけ地方経済が活性化し、プラスの経済効果を生み出すのだから、半導体への大規模投資が与えるインパクトの大きさを痛感させられる。

しかも２０２４年2月には、熊本第2工場を建設する計画も発表された。こちらは２０２４年末までに着工し、２０２７年の操業開始をめざすという。

ただし、地方経済の活性化はあくまで副次的なもので、主たる目的は経済安全保障上のリスクに備える点にあることを忘れてはならない。

ちなみに、ステップ2の中心はラピダスである。ラピダスについては、第2章でお話しするためここでは触れない。

ステップ3も本書のテーマの外にあるので、簡単に紹介だけしておきたい。「グローバル連携による将来技術基盤」と書かれていても直感的にはわからないかもしれないが、これはＮＴＴが開発する光電融合技術「ＩＯＷＮ《アイオン》」を想定している。

光電融合は、サーバー内の電気配線の一部を光配線に置き換えることで、省エネルギー化、大容量化、低遅延化を実現すると期待されている。これによって、データセンターの電力消費を40％以上抑えることを狙っているとＮＴＴは発表している。

日本半導体「失敗の本質」

ここであらためて、なぜ日本の半導体企業が転落したのかを考えてみたい。

多くの専門家やさまざまなメディアがその要因を分析しているが、大きくは次の3つに絞られると思う。

「韓国メーカーなど新興勢力をあなどっていた」「時代遅れの国家プロジェクトにしがみついた」「ファブレスとファウンドリーに分業する世界の潮流を見逃した」――。

1つ目は先にもお話ししたが、サムスンは価格戦略もさることながら、インテルから大いに学び、それを徹底的に模倣することで技術水準を上げていった。日本企業が彼らへの対応が遅れたのは間違いない。

2つ目もその通りで、これも前述したように、1994年ごろからの国プロはことごとく失敗した。

あのころの日本には「超LSI技術研究組合」の幻影があったのだと思う。1976年に誕生した超LSI技術研究組合には、国が4年間で290億円を助成し、官民一体となって半導体の基礎技術の共同開発を推進した。これがきっかけとなって半導体製造装置や半導体材料の国産化に道をつけ、日の丸半導体は世界の頂点に立つことになる。その成功体験が、日本の半導体業界をがんじがらめにしていたのではないだろうか。

3つ目はどうだろう。たしかに外国ではいまや、インテルを除けば、設計・開発専業のファブレスと、ファブレスが設計した半導体の製造を専業とするファウンドリーにわかれている。しかし、日本企業は垂直統合にこだわった。

幸か不幸か、日本では日立や東芝といった総合電機メーカーが半導体事業を手がけていた。だからこそ、家電や重電と同じ目線で品質管理が徹底され、「高品質な日本製半導体」がつくり上げられた。

その反面、家電もあり、重電もあり、そして半導体もあり……という組織では、半導体に思い切った投資が必要な局面でも、他事業とのバランスが優先されてしまう。このことが、ファブレスにせよファウンドリーにせよ、専業メーカーに水をあけられてしまう結果となった。

かくいう私もJSR社長時代は、かぎられたキャッシュフローをどのように振り分けるかについてはいつも腐心していた。祖業である石油化学事業は設備産業であり、安全操業のためには設備投資が必然的に大きくなる。一方の半導体材料関連事業は、研究開発にかかる先行投資が大きい。中途半端にやっていてはどちらの事業もジリ貧になると思い、最終的には祖業である石油化学事業を他社に引き取ってもらった。

ただ、規模が非常に大きい総合電機では、そういった割り切りが難しかったのだろう。

ものづくりにこだわりすぎた

「失敗の本質」にもう1つつけ加えるとしたら、日本企業はDRAMをはじめとするメモリ事業だけに力を入れすぎたのではないだろうか。

いってみれば、メモリはデータを記憶すればいいだけの半導体であり、それ以上の付加価値は出せない。つまりコモディティ化しやすい宿命にある。最後は価格競争になり、実際、日本企業はより安くつくれるサムスンやマイクロンに敗れ去った。

一方、前述した通り、インテルがＤＲＡＭから撤退してまで特化したマイクロプロセッサーは電子機器の頭脳の役割を担うロジック半導体だ。パソコンのＣＰＵやＧＰＵに搭載され、さまざまな機能を加えることで付加価値を上げていける。価格競争ではなく「価値競争」ができる世界だ。

日本企業もＤＲＡＭの大成功に甘んじることなく、もっと早くロジックに進出すれば、いまのような状態にはならなかったかもしれない。

さらにいうなら、日本企業がどうしても「ものづくり」にこだわってしまうことも影響したのではないだろうか。まじめにいいものさえつくっていれば売れるはずだというのは、日本的美学かもしれない。実際、日本製ＤＲＡＭはその耐久性が評価され、シェアを伸ばしていったこともたしかだ。

ただ、ロジック半導体は、ものだけをつくればいいというものではない。

ＧＰＵでシェアトップのファブレス企業、米エヌビディアがいい例だろう。エヌビディアは、ＧＰＵを販売するのはもちろん、ＧＰＵを使いこなすためのプログラミングツールなどさまざまなソフトウエアや開発ツール（ミドルウエア）を無償で公開している。用途開発とでもいえばいいだろうか。このあたりが海外企業は巧みだ。

失敗の本質を挙げればきりがない。はっきりしているのは、半導体が重要社会基盤となったいま、日本はもう二度と失敗してはならないという事実だ。

水平分業へ回帰する可能性はあるか

では、米中の緊張状態が急に解けて、世界の半導体業界が一気に水平分業に戻る可能性はないのだろうか。

もちろん、いつかは両国も戦略を変更する時期が来るはずだ。

私が1990年、日米半導体摩擦の真っ只中の米国で、まさに「敵国」扱いされたことをこの章冒頭で話した。米国は自国に対する脅威に対して、過剰に反応するところがある。その象徴が日米半導体協定である。

ところが、1996年に協定が延長されないことが決まった瞬間から、米国の態度は180度変わった。1990年代の終盤には、日本の半導体業界に対して「お前はベストフレンドだ」といわんばかりの受け入れ具合になった。

さらにいえば、米国も中国も、大国同士がぶつかるコストについてはよくわかっており、両国とも衝突を避けたいのが本音である。

足下では米国が一方的に厳しい輸出規制を行っているように見える。ただ、米国政府高官の発言を注意深く追うと、「中国が（悪い）」とか「中国を（規制する）」とはいっていない。あくまで「中国共産党が」とか「人民解放軍が」と発言している。政府高官レベルでは対話を継続しているし、イーロン・マスクやビル・ゲイツなどが訪中し、中国との交流を続けているように見える。

中国は、2022年に初めて人口が減少した。GDPの約3割を占める不動産も、金融緩和政策を実施しても火がつかないどころか、バブルが弾けてしまった。GDP成長率も遠からず5％を割り込んでいくだろう。

このまま台湾有事が起こらず、中国のいまの勢いがピークアウトすれば、日本に対してそうだったように、米国はある時点で中国に対する制裁もゆるめていくのではないだろうか。そのときには、再びグローバルに回帰する流れが生まれる可能性もある。

私の予想では、おそらくここ10年以内には、対中規制が弱まる局面を迎えると思う。中国共産党の習近平国家主席の任期終了が2028年。任期を延長するかどうかはわからないが、習近平もいつまでも生きていられるわけでもない。新しい指導者が登場してきたときが、1つの節目になるのではないだろうか。

また米国も、バイデン氏とトランプ氏のどちらが大統領になろうとも、2026年にはレームダック化して、2028年の選挙は両党ともまったく異なる候補を立てるだろう。そういう意味でも、2029年から新しい地政学的長期循環が始まる。

ただ、再びグローバルに回帰したとしても、その景色は2010年代までのものとはまったく違っているだろう。各国が半導体供給を含む自給率をいったん上げた状態から、どこまで分業を許容するようになるのかは、まだ誰にもわからない。

少なくとも、半導体の最前線にキャッチアップしておかなければ、どんな状況になっても対応すらできない。日本にとってその第一歩となるのが、ラピダスなのである。

第2章 ラピダスの勝算

「日本がいまさら半導体？」

「日本が半導体を製造するなんて、いまさらできっこない」

かつて存在した日本の半導体メーカーの経営者だった人物がこんな発言をした。

2021年、西村康稔経済産業大臣も列席するある会合でのことだ。私は経済同友会の副代表幹事としてこの会に出席していた。

私はすぐさま手を挙げ、発言を求めた。

「半導体は、以前のような単なる産業ではありません。国家の存亡にかかわる最重要事項です。もはや国家戦略の重要な柱、安全保障にかかわる戦略物資といっても過言ではありません。『できないからやらない』ではなく、『できるように工夫してやる』のです」

ここまで読んでくださった皆さんには、私の発言を理解してもらえると思う。だが、彼は首をひねるだけだ。

「小柴さん、そんなことといっても、これだけ世界から遅れてしまった日本の技術で、TSMCやインテル、サムスンに勝てるわけがないでしょう？　だったら、現時点で強い半導体材料や製造装置を強化したほうが現実的じゃないですか」

まただ。批判する人たちはいつもこの話になる――。

それから1年が経ち、日本がようやく半導体国産化に転じたあとも、〝反対派〟たちの姿勢はあまり変わらなかった。

それは、2022年8月に設立された国産半導体ファウンドリー、ラピダスについても同じだ。同年11月になって、2ナノ世代の半導体を2027年に量産することなどが正式に発表されると、たちまち反対派の批判にさらされた。

実はその大半は、かつて半導体メーカーやその周辺産業で働いていた人たちである。いわば〝半導体ムラ〟の住人たちだ。

「いまさら、日本が2ナノ世代の半導体を製造できるのか」

「世界の最先端から30年も遅れた日本の技術で、世界に勝てるわけがない」

「国が資金を出すプロジェクトなんか、うまく行くわけがない」

そんな声が圧倒的だった。彼らの意図を翻訳するとこうなる。

「税金の無駄遣いなんかせず、製造は外国に任せればいい」

「俺たちにできなかったものが、お前たちにできるわけがない」

「日本は半導体製造装置や材料の分野で世界をリードしている。半導体なんかより、こうした分野にもっと投資したほうが得策だ」――。

ラピダスとは何か

前章で紹介した通り、ラピダスは経産省の半導体・デジタル産業戦略検討会議における「我が国半導体産業復活の基本戦略」のステップ2の中心に位置づけられる。

米ＩＢＭが中心になってノウハウを提供するほか、ベルギーの半導体研究機関・ｉｍｅｃ、米国の国立半導体技術センター（ＮＳＴＣ：National Semiconductor Technology Center）など、半導体先進国の企業や研究機関がかかわる。なぜＩＢＭが中心なのかはあとでお話ししよう。

図表2－1　半導体企業への国からの補助金（一部、推測も含む）

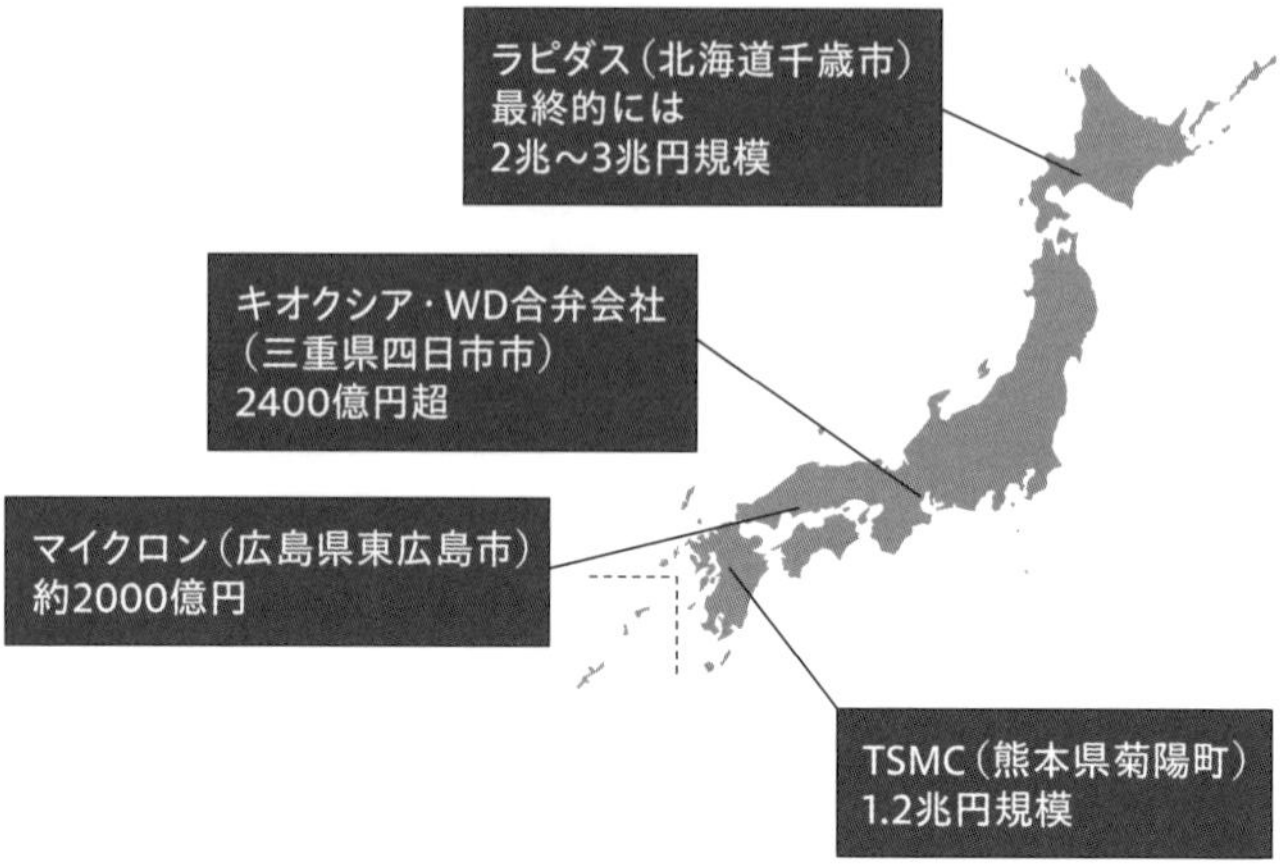

資本金は73億４６００万円で、会長の東哲郎氏と、社長の小池淳義氏、12人の創業個人株主が４６００万円を出資し、キオクシア、ソニーグループ、ソフトバンク、トヨタ自動車、デンソー、ＮＥＣ、ＮＴＴ、三菱ＵＦＪ銀行が総額73億円を出資する。

当座の技術確立に必要な資金の大半は政府から助成を受ける。ＮＥＤＯを通じて当初７００億円、その後、ラピダスの北海道千歳市の工場建設に対して２６００億円が助成されている。

さらに、経済産業省は２０２３年10月、２０２３年度補正予算案で半導体支援に関する３兆４０００億円の予算を財務省に要求した。このうち５９００億円がラピダスに助成され、執筆時点で総額９２００億円の拠出が済んで

図表2－2　ラピダスを支えるLSTC

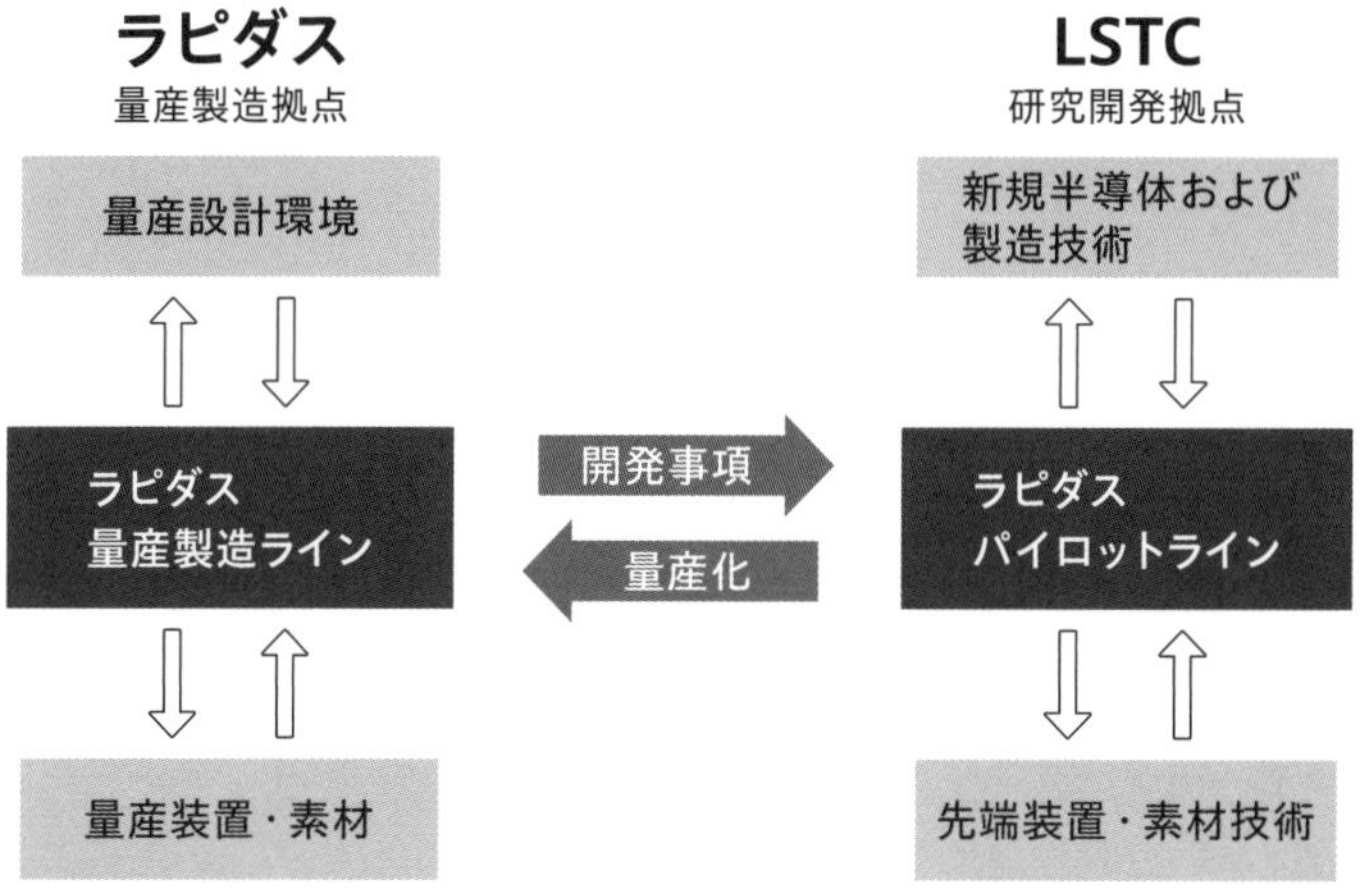

いる。今後も追加の助成をすると見られ（図表２－１）、ラピダスの自助努力も加えれば総額５兆円規模の投資になると予測される。

千歳工場は２０２３年９月に着工した。製造の試作ラインは２０２５年４月に竣工する予定だ。量産ラインは２０２７年の立ち上げを目標に掲げる。

ラピダスと同時に、「技術研究組合最先端半導体技術センター（ＬＳＴＣ：Leading-edge Semiconductor Technology Center）」も立ち上がった。ＬＳＴＣは、最先端半導体の設計や、製造装置・素材の研究開発を担うバーチャル組織であり、全国の大学、国の研究機関などが参画する。

ＬＳＴＣの成果はラピダスに反映される。逆に、量産過程で起こる課題はラピダスがＬ

ＳＴＣにフィードバックし、ＬＳＴＣが解決策を考え、ラピダスに打ち返す、というキャッチボールが行われる仕組みだ（図表２－２）。

「いきなり2ナノメートルなんて無理」

ラピダスが人々を驚かせたのは、もう一度日本で先端半導体にチャレンジするというのもさることながら、「2ナノをつくる」ことだったと思う。

第1章でも少し触れたが、半導体のテクノロジー・ノードは、10年前（２０１４～２０１６年）には16／14ナノだったが、10ナノ、７ナノ、５ナノと微細化し、直近では３ナノになっている。３ナノを量産できているのは世界でＴＳＭＣしかない。

一方、日本の半導体で量産化に成功したのは40ナノ止まりである。ラピダスは、それを一気に超えて２ナノをめざすというのだから、批判派の矛先が集中したのも無理はない。

「いきなり2ナノを製造するなんて無理筋でしかない。段階を踏んで進めていくべきだ」

そんな声が、多くの元半導体技術者から上がった。

しかし、そもそもラピダスは次のような話から始まったのである。

２０１９年のこと、東京エレクトロンの社長を務めた東哲郎氏のもとに、ＩＢＭ最高技術責任者のジョン・ケリー氏から1本の連絡が入る。

「テリー。2ナノメートル世代の技術を提供したいんだが」

IBMはかつて、シェアこそ高くなかったものの、半導体を製造していた。ただ、同社のビジネスモデル転換とともに、2015年には半導体の製造機能をグローバルファウンドリーズに売却し、ファブレスに転じていた。

ところが、グローバルファウンドリーズはプレーナー構造からFinFET構造への転換に失敗し、微細化をやめてしまった。IBMはこれを不服とし、訴訟沙汰にまで発展した。

日本の地政学的「優位」

途中からIBMは、このまま裁判で争っても、グローバルファウンドリーズがファウンドリーとして世界の第一線に復帰する可能性は低いと考えたのだろう。しかも、IBM社内では、2ナノ半導体の開発に成功したところだった。そこで、新たなファウンドリー探しを始めた。

おそらくIBMの選択肢は最初はサムスンだったと思う。サムスンがロジック製造に参入できたのは２０００年代からで、それはＩＢＭと協業した成果だった。またＴＳＭＣもその候補であったのかもしれない。

ところが、両国とも地政学的に見て万が一のリスクを否定できない。台湾は中国による台湾有事のリスクがある。韓国も、地政学者の解釈によれば、中国や北朝鮮と地続きである点が懸念されるといわれる。

その点、日本は中国や北朝鮮と、日本海や東シナ海を隔てた位置にあり、台湾や韓国と比べて地政学的なリスクは比較的少ない。半導体装置や材料の分野でも、世界的なサプライヤーがいる。さらに日本のものづくりの力、量産技術は世界でも一定の評価がある。こうした点を検討した結果、ＩＢＭは日本に白羽の矢を立てたと考えられる。

その背景には、中国共産党に対する態度を硬化させる米国政府の思惑もあったかもしれない。

ケリー氏からの依頼を受けた東氏は、かつて日本初のファウンドリーをめざしたトレセンティテクノロジーズを立ち上げた小池氏に相談した。ＩＢＭの２ナノのチップ開発技術という「教科書」はある。そのうえで２ナノ半導体の製造が本当に日本で可能なのかどうか、徹底的に検証した。

「できる」

そう結論づけた2人は、ラピダスの設立を決意した。

もちろん、ＩＢＭの開発技術は教科書にはなっても、実際の工場で製造し、量産する技術とはまったく別のものではある。ラピダスが独自に努力する必要があるのは言うまでもない。

2ナノメートルの世界

ＩＢＭによると、2ナノは7ナノに比べてパフォーマンスが45％アップし、消費電力は75％減少するという。これは、携帯電話のバッテリー寿命が4倍に延びるほどのインパクトだ。

「2ナノの世界」ではどんな景色が見えているのだろうか。

まずは、自動運転の例でお話ししよう。

自動運転技術にはいくつかの方法がある。1つはＬｉＤＡＲ《ライダー》（Light Detection and Ranging）といわれるセンサーによる自動運転だ。車両の上部などに取りつけられ、光を使用したリモートセンシング技術によって、物体検知や物体までの距離を計測する。

ＬｉＤＡＲはすでに自動車各社で実用化されておりご存じの方も多いだろう。ただ、センサー式は、整備された都市部の道路や高速道路であればいいが、たとえばインドやアフリカの地方部といった未整備の場所には向いていない。

やや余談になるが、最も難易度が高い自動運転は、戦車だといわれている。道なき道を進み、何が飛び出してくるか予測ができない中で、向かってくるものを瞬時に認識し、場合によっては攻撃しなければならないからだ。

インドやアフリカを走る自動運転車が戦車並みの水準を備えなければならないわけではないが、少なくともセンサー式では頼りない。

さて、もう1つは画像認識による自動運転で、これはコンピュータが人間と同じように〝目〟で見て自己判断するイメージである。ただ、その裏で、すさまじい量の演算が必要になる。

自動運転が現在のレベル4（限定地域内の自動運転や高速道路での完全自動運転など、特定条件下における完全自動運転）であれば、センサー式自動運転でも問題ない。その場合、5ナノや3ナノの半導体で対応できる。

しかし今後、レベル5（つねにシステムがすべての運転タスクを実施する完全自動運転）に移行すると、センサー式から画像式に移行すると考えられる。半導体も確実に2ナノ以降が必要になる。

ラピダスが公言している2ナノの量産開始時期は、2027年である。その2027年には、自動運転の実用化が現実になるとされている。

さらにこのころになると、EVの電池の半分以上は、電気系統や自動運転機能が食ってしまい、モーターの駆動に回す余力がなくなってしまうのではないかと懸念されている。消費電力を削減する意味でも、2ナノ以降の半導体搭載は必須条件になってくる。

ちなみに米テスラはさらに先を行っており、映像をベースにした自動運転技術を開発している。現在、自動運転用のスーパーコンピュータ「Dojo」を開発中で、これが実用化されれば2ナノでも足りないだろう。

台風の目にくさびを打ち込める？

「2ナノの世界」では、量子コンピュータが稼働を始める。量子コンピュータについては第5章で詳しく触れるが、古典コンピュータと呼ばれる従来型コンピュータに比べて「1億倍速い」（グーグル）ともいわれる。これほどの超高速計算を実現するには、最低でも2ナノの半導体が欠かせない。

たとえば近年、大型の台風やハリケーンによる被害が世界各地で起きている。研究者の間では、台風が膨張していくどこかのタイミングで、台風の目に何かを「打ち込む」ことで、大型化を食い止められるのではないかと考えられている。架空の台風をリアルタイムにシミュレーションするためには、古典コンピュータの演算ではとても間に合わない。

また、慶應義塾大学では、腸内環境を量子コンピューティングによって解明しようとする研究が始まっている。人間の免疫は7〜8割が腸で決まるといわれており、潰瘍性大腸炎やクローン病などは、腸内細菌（腸内フローラ）のバランスが大きく影響することがわかっている。そこで、健康な人の便から抽出した腸内細菌を移植することで、患者の腸内環境を改善しようという試みが実用化している。

ただ、100兆個ともいわれる腸内細菌のうち、どれがどのように効いているのか、あまりにも複雑すぎてまだ解析しきれていない。現在は「これかもしれない」と思われる7〜10種類の腸内細菌を集め、カクテルにして摂取する試みが臨床試験段階にある。量子コンピュータで超高速計算すれば、その人それぞれに合った腸内細菌の種類がきわめて正確に特定できるかもしれない。

がんの分野でも、量子コンピュータの活躍が期待されている。現在の抗がん剤は、がん細胞が複製されていく過程で、ある部分に強制的に「くさび」を打ち込んで攻撃し、複製を止める。ただ同時に、ある確率で良性の細胞も攻撃するため、副作用が避けられない。

しかし、量子コンピュータでの解析によって、くさびをピンポイントで打ち込むべき標的がわかるようになる。

東洋医学や免疫といった未知なことが多い分野についても、量子コンピュータがメカニズムを解明できる可能性がある。たとえば鍼治療は、自律神経を刺激しながら、人間の中に眠っている自然治癒力を呼び覚ますといわれているが、詳しいことはまだはっきりわかっていない。

免疫も同じで、オランダでは子どもが2歳になると牧場で遊ばせることで、アレルギーや喘息になりにくいといわれている。おそらく家畜や土、植物、あるいは微生物などによって免疫を獲得させているのだろう。とはいえ、そのメカニズムはやはり明らかになっていない。

ほかにも、量子コンピュータによって解決に向かう分野は、数かぎりない。ラピダスが2ナノの製造をめざすのは、こうした未来の世界を切り拓くためなのだ。

千載一遇のチャンス

ラピダスが、このように大きな可能性を持つ2ナノ半導体を量産することになった意味

図表2－3　トランジスタ構造は変わり目にある

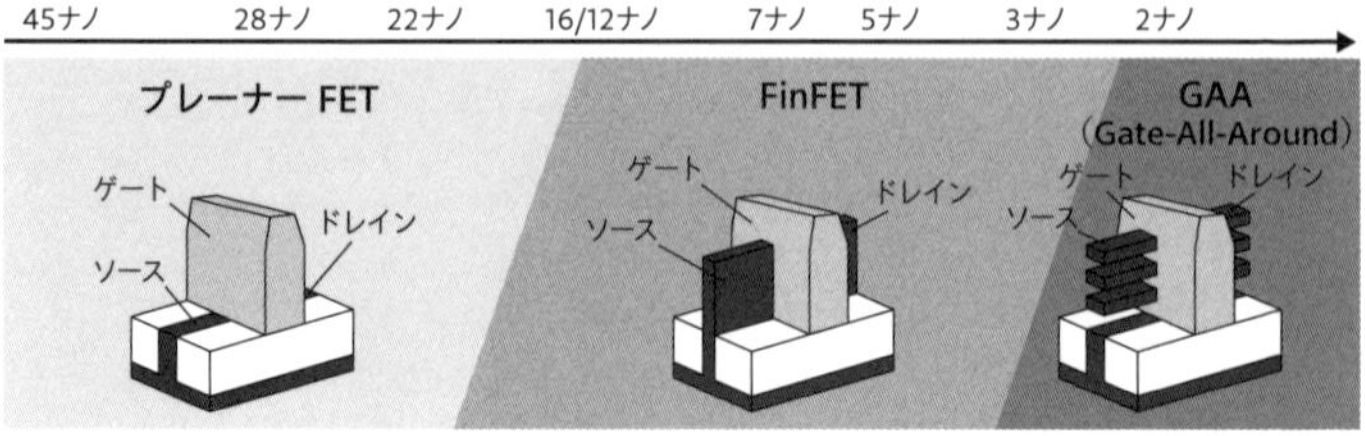

はきわめて大きい。先ほどお話しした通り、ＩＢＭという教科書もあり、立ち上げにも心配はない。しかも、いまは日本にとって千載一遇のチャンスがめぐってきたと考えていいタイミングにあるからだ。

　どういうことか。実は近年、半導体業界は、トランジスタの構造が大きく変わる節目にさしかかっている。

　トランジスタがかつての平面的なプレーナー構造を経て、立体的なＦｉｎＦＥＴ構造に進化することで微細化が進んできたことはすでに話したが、今度はそれが「ゲート・オール・アラウンド（ＧＡＡ）構造」にシフトしようとしているのだ。

　これについては少々説明が必要だろう。

　プレーナーＦＥＴは図表２－３にあるように、電子を供給する「ソース」とその電子を受け取る「ドレイン」、そしてその間に絶縁膜を介して形成されている「ゲート」から構成されている。

　ドレインに一定の電圧をかけていても、ゲートに電圧がかかっていなければソースとドレインの間に電子の流れは発生せず「オフ状態」になっている。次にゲートに一定の電圧をかけると、ソース―ドレイン間にチャネル（反転層）が形成され、ソースからドレインに電子が流れ「オン状態」になる。

ところが、微細化が進み、ゲートの幅（ゲート長）が短くなると、ソース―ドレイン間で「漏れ電流」が発生してしまい、ゲートでコントロールするのが難しくなってくる。これはショートチャネル効果と呼ばれ、課題となっていた。

そこで登場したのがＦｉｎＦＥＴ構造だった。日立製作所中央研究所エレクトロニクス研究センタの久本大氏が１９８９年に開発した「デルタ構造の立体トランジスタ」の考え方がその基本となっている。

ＦｉｎＦＥＴは、ソースとドレインが突起しており、魚の背ひれ（フィン）のように見えることから名づけられた。この形だと、チャネルを右・左・上の3方向から囲むため、電流の漏れが抑えられる。ＦｉｎＦＥＴ構造は、発表から22年が経った２０１１年、インテルが開発した22ナノの半導体に組み込まれたトランジスタから採用されている。ただ、三次元になる分、製造工程が複雑で、コストも増える。しかも、微細化がさらに進むにつれて性能にも陰りが見えてきた。

モア・ムーアからモア・ザン・ムーアへ

そこで新たに開発されたのがＧＡＡ構造だ。

ＧＡＡ構造は、ＦｉｎＦＥＴのフィンの部分がシート状に形成されている。これによってチャネルを3方向ではなく4方向から囲めるようになることから、ゲート・オール・アラウンド（全周ゲート）の名がついた。しかもそれが何層にも積み上がっているため、増やした層の数だけ、平面上の面積を増やすことなくドレイン電流を増加させることができる。

ＧＡＡは、ＦｉｎＦＥＴよりさらに製造工程が複雑で、コストもかかる。そんな中、ＩＢＭは２０２1年5月、ＧＡＡ構造の2ナノ世代半導体のテストチップの試作に成功したと発表した。ＩＢＭのケリー氏が東氏に「2ナノ世代の技術を提供したい」といったのは、まさにこの「ＧＡＡ2ナノ」のことである。

つまり、ラピダスはいきなり2ナノ世代、しかもナノシートを用いた構造的にも最先端の2ナノ世代半導体技術を移植してもらい、量産を始めることになる。

半導体のさらなる高性能化と併行して、ＧＡＡとともに「異種チップ集積（ヘテロジニアスインテグレーション)」も大きく動き出している。

異種チップ集積は、最先端半導体と旧世代の半導体を貼り合わせたり、積層化したりする技術である。パフォーマンス的にもコスト的にも限界を迎えつつある微細化を補い、性能を高めることが期待されている。最近では「チップレット(Chiplet)」と呼ばれている集積技術で、これまでの大規模なチップを小さなチップに分けて、「インターポーザ」と呼ぶ基板上に異種チップを集積し、一つのパッケージに収める技術である。

半導体業界では、ムーアの法則に沿ってしのぎを削る微細化を「モア・ムーア(More Moore)」と呼ぶ。これに対し、ムーアの法則とは別の文脈で開発が進む異種チップ集積などは「モア・ザン・ムーア(More than Moore)」と呼ばれ、期待が寄せられている。

GAAや異種チップ集積は、まさにいま始まったばかりの技術である。どの半導体製造企業にも過去の蓄積がない状態で、横一線での技術競争がスタートして間もない。

チップレット技術は「AI半導体」時代のキーとなると予測されている。EUVリソ技術やナノシート技術を用いたGAAを取り込んだ2ナノ世代の最先端半導体技術と、既存技術を組み合わせて作るチップレットを活用すれば、ラピダスにもチャンスは十分にある。

唯一無二の「シングルウェーハプロセス」

もちろん、TSMCやサムスン、インテルなど世界のトップを走る既存勢力も、GAAや異種チップ集積の技術開発に余念がない。ラピダスが彼らと同じことだけをやっていたら、たちうちできないだろう。

そこで、ラピダスが打ち出したのが「短TAT」戦略だ。TAT（Turn Around Time）とは、製品を完全に仕上げるまでに必要な時間とでもいおうか。短TATとは、それを極力まで短くしようという取り組みだ。

シリコンウェーハの表面にトランジスタなどの単体素子や集積回路をつくり込む工程をウェーハプロセスという。長年のしきたりとでもいうのだろうか、世界にあるどの会社のどの工場でも、基本的には1回に25枚のウェーハを箱に入れた状態で動かしていく。ところが短TATは、このしきたりを破り、25枚ずつではなく1枚ずつ動かしていくのだ。1枚ずつということで「シングルウェーハプロセス」と呼ばれている。

シングルウェーハプロセスは、なんといっても少量多品種生産で強みを発揮する。メモリが典型的だが、同じスペックの半導体を一度に大量に生産しようとすると、25枚ずついっぺんに加工したほうが効率的だ。

ただ、12枚ずつスペックが異なる注文が来たとしたらどうだろう。25枚ずつ製造してそこから12枚取り出すのと、1枚ずつの製造を12回行うのとどちらがいいだろうか。

仮に、工程が10あるとして、1枚当たりの処理に3分かかるとしよう。第1の工程では、25枚をつくり終えるのに3分×25枚＝75分かかる。第2の工程でも75分かかる。最後の工程を終えるまでに、75分×10工程で750分かかることになる。

ところが、1枚ずつ製造する場合は、第1工程で3分、第2工程でも3分、10工程では30分で終わる。これを12枚分繰り返しても、トータル360分で完成できる。きわめて効率的かつ、スピードも速い。ある試算によると、少量少品種生産では、シングルウェーハプロセスのほうが処理能力は4割ほど高くなるといわれる。

リープフロッグは可能だ

小ロットで機動的に半導体を供給するシングルウェーハプロセスを成功させたファウンドリーは、世界にまだどこにも存在しない。ラピダスが実現すれば世界初となる。

しかも、日本はシングルウェーハプロセスの開発にとって絶好のロケーションでもある。

半導体の製造までを「前工程」と呼ぶのに対し、シリコンウェーハに構築された数百単位の半導体を切断したり、金属の枠に固定したりする作業は「後工程」と呼ばれる。

先にお話ししたＦｉｎＦＥＴやＧＡＡは、あくまで前工程での微細化の話である。一方、異種チップ集積は後工程の領域だ。

とくに、違う種類のチップを縦に積み上げる「積層化」は、横に並べたときよりも面積が小さく済むうえ、チップ同士を結ぶ配線も短くなることで、処理能力や電力効率が上がると考えられる（図表２－４）。

これは「三次元実装」や「３Ｄパッケージング技術」といわれ、日本の装置メーカーや素材メーカーに一日の長がある。ＴＳＭＣやサムスンも、日系メーカーと共同研究を行うために日本に拠点を設けているほどだ。

３Ｄパッケージング技術の量産はまだ本格化していない。ここでもラピダスはＴＳＭＣやサムスンと同じ、新たなスタートラインに立っていることになる。

リープフロッグ（カエル跳び）という言葉をご存じだろうか。これまで固定電話さえなかった開発途上国や地域で、いきなりスマホやモバイルデータ通信などが普及することがある。固定電話や有線ＬＡＮを引くには膨大な投資が必要だが、無線ＬＡＮの基地局を設置するだけで通信が可能となり、通信インフラが一気に整備されたためだ。

図表2－4　異種チップ集積（例）

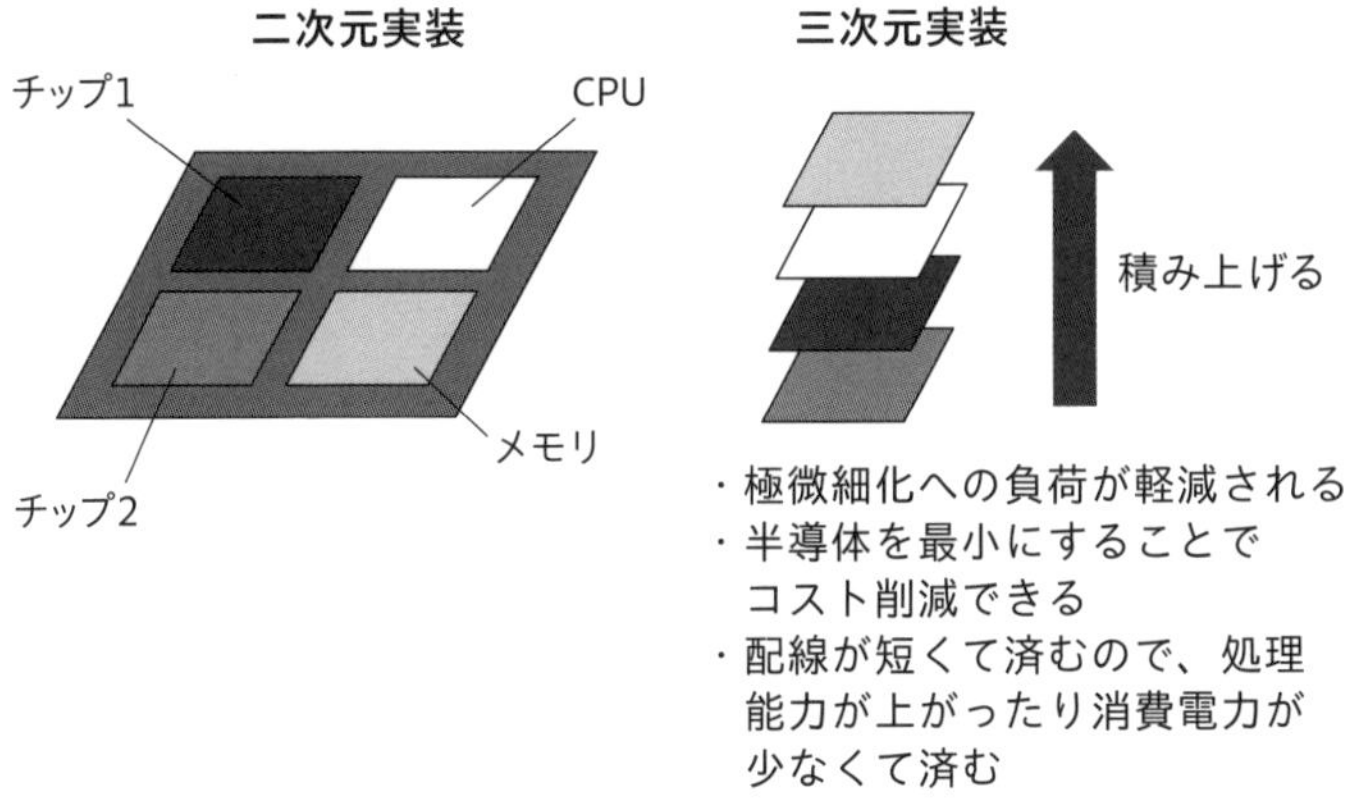
二次元実装
チップ1
CPU
メモリ
チップ2
三次元実装
積み上げる
・極微細化への負荷が軽減される
・半導体を最小にすることでコスト削減できる
・配線が短くて済むので、処理能力が上がったり消費電力が少なくて済む

　クレジットカードが普及していなかった中国で「ウィーチャットペイ」や「アリペイ」などのモバイル決済サービスが普及したり、人口の多くが銀行口座さえ持っていないケニアで「M－PESA」によるモバイルバンキングが一般化したケースはよく知られている。

　このように、急速な技術の発展は、既存のインフラや設備の制約を受けず、通常は数十年かかる変化を数カ月で起こし、開発途上国が先進国を飛び越してしまうことさえある。

　日本は、先端ロジック半導体では開発途上国である。だからこそ、レガシー設備の制約がないラピダスでリープフロッグが起きない可能性がないと、どうしていえるだろうか。

トヨタやデンソーが出資した「真意」

シングルウェーハプロセスは、時代の流れにもあっている。

パソコンがＩＴの主役だった時代は、ペンティアムのような汎用品を使うのが主流であり、それで何の問題もなかった。

しかしその後スマホへと主役が移り、２０１０年に発売された「ｉＰｈｏｎｅ４」「ｉＰａｄ」あたりから、アップルは自社オリジナルのロジック半導体を設計・開発するようになった（ちなみにｉＰｈｏｎｅ４に搭載されたロジック半導体は45ナノだった）。半導体こそが、製品やサービスの使い勝手を決めると気づいたからだ。

アマゾンもグーグルもメタも、自社専用品を自らデザインし、ＴＳＭＣで製造してもらっている。つまり多量同品種生産から、商品ごとに細かくカスタマイズする少量多品種生産へと、トレンドはシフトしてきているのである。

もちろん自社専用といえども今後データセンター需要は堅調に成長するため、ＧＡＦＡの発注量は〝少量〟とはいえない。また、もう少し規模の小さい企業にとっては、小回りの利くシングルウェーハプロセスはたまらなく魅力的に映るはずだ。

では、ラピダスの顧客にはどんな企業が名を連ねることになるだろうか。

もちろん、第一候補となるのは提携先のＩＢＭだろう。ＩＢＭは、高性能コンピュータやＡＩコンピュータに搭載する最先端半導体の生産を委託する先を探している。サムスンやインテルと提携してはいるものの、サムスンは独自で２ナノの開発を進めていて、インテルとも現段階ではそれほど連携が進んでいないように見える。ＴＳＭＣは地政学リスクがあるうえ、２ナノでしのぎを削るライバルでもある。

次に考えられるのは、出資企業からの委託だろう。ラピダスの東会長は、出資先を探すときの大前提として「最先端半導体のユーザーであり、ともに開発を担ってくれそうなところに絞った」と語っている。トヨタ、デンソー、ソニーグループ、キオクシア、ＮＥＣ、ＮＴＴ、ソフトバンクと、これらのラピダスの出資企業は半導体ユーザーだ。

とくに、自動車各社はＴＳＭＣに発注しても、なかなか迅速に対応してもらえないと聞く。トヨタを筆頭に各社が誇る「ジャスト・イン・タイム（必要なときに必要なだけつくる）」は、裏を返せば「必要なときに必要な量だけしか買わない」ということになる。ファウンドリーからするとコンスタントな発注が期待しにくく、上顧客とはいいにくい。そのため、順番が後回しにされがちなのかもしれない。

その点、ラピダスの製造数量が柔軟に変更できる製造プロセスは、欲しいときに欲しいだけ発注するのにうってつけだ。ラピダスにトヨタやデンソーが出資したのは、そうした期待があるからではないだろうか。

エヌビディアの隘路

さらに、ラピダスには、ポスト・エヌビディアの製造受託の担い手ともいうべき役割も期待されている。

第1章でお話しした通り、エヌビディアはGPUで世界シェアトップであり、市場をほぼ独占している。AIの半導体としてデファクトスタンダードとなっており、現在でも取り合いの状況が続いている。

あまりにも不足が続くGPUの問題を解決しようと、2023年1月、日本政府は「クラウドプログラムの安定供給の確保」として、2022年度の補正予算から200億円の助成を決めたほどだ。企業がデータセンターを整備するとき、生成AIを開発するときなどに、GPUの購入費を半額まで補助する。

実際、生成AIを開発するさくらインターネットに68億円、データセンターの構築を進めるソフトバンクに53億円が助成された。ただ、補助金が出たからといって、品薄のエヌビディアのGPUを確保できるわけではない。

しかも、2026年以降は、エヌビディアからのGPUの供給が決定的に不足する事態になるのではないかとうわさされている。

その理由の1つは、エヌビディアのGPUの大きさにある。通常の半導体は、1枚のシリコンウェーハから数百の単位でチップを切り出せる。しかし、最新のエヌビディアGPUの場合、歩留まりが100%でも1枚のウェーハから80枚前後しか切り出せないといわれている。もちろん、エヌビディアの技術革新でチップが小さくなる可能性もあるが、実現はなかなか難しそうだ。

だとすると、エヌビディアではない何かがバックアップオプションとして必要になる。その代替デバイスの一つとして注目されるのが、日本のPreferred Networks（プリファードネットワークス）が開発している「MN－Core」だ。

MN－Coreへの期待

エヌビディアのGPUは、処理能力が高い分だけ非常に電気を食う。しかも、微細化された基板の上を膨大な電流が流れることによって、熱が発生し、GPUの性能を落としてしまう弊害が指摘されている。

それに対して、プリファードネットワークスのチップはディープラーニングに特化することで、消費電力当たりの処理能力が一段と高くなっている。

現在、プリファードネットワークスはＭＮ－ＣｏｒｅをＴＳＭＣで製造してもらっているが、これをラピダスに任せる可能性は十分にあるだろう。

前章で、日本のデジタル赤字解消のためには、アマゾンのＡＷＳやマイクロソフトのＡｚｕｒｅなどに代わる国産のパブリッククラウドや、オープンＡＩのＣｈａｔＧＰＴに代わるような国産の生成ＡＩを構築しなければならないと述べた。

とくに、日本語はトークンが多い。現在のコンピュータは、言葉をトークンと呼ばれる最小単位の文字並びにまで分解し、それをつなぎ合わせて文章にしていく。日本語はその曖昧さゆえ、ほかの言語に比べてトークンが2〜4倍前後あるといわれている。トークンが多ければ、ＣＰＵやＧＰＵにかかる負担が大きくなる。したがって、電力消費も増えてしまう。

もし、低消費電力の国産ＧＰＵが実現できれば、大きな武器となるにちがいない。ＭＮ－Ｃｏｒｅはその重要な候補の1つだ。

ちなみに、言語には量子性があると証明されている。量子コンピュータで「量子自然言語処理」することで、トークンの概念そのものが変わることも考えられる。そうなったとき、日本語の〝ハンデ〟は解消するかもしれない。

露光装置の確保にもメド

ここまでの解説で、ラピダスのつくる2ナノチップが、スペック的にも生産方式としても魅力あるものだと理解していただけていると思う。

現在、2025年4月の竣工に向けて、試作ライン建設の真っ最中にある。2024年末には半導体露光装置も搬入される予定だ。

複雑な仕組みはここでは割愛するが、半導体の製造工程に、シリコンウェーハ上にトランジスタなどの回路を形成する工程がある。まず回路のパターンを設計し、それを描いたフォトマスクを作成する。シリコンウェーハに特殊な薬品（フォトレジスト）を塗り、フォトマスクのパターーンを転写する。その転写のときに光を照射するのが、半導体露光装置である。

露光装置は、i線、KrF、ArF、EUVなどの光源波長の種類によって装置が分類されている。i線のトップシェアはキヤノン（65％）、KrFはキヤノンが24％、オランダのＡＳＭＬが72％となっている。ＡｒＦはＡｒＦドライとＡｒＦ液浸に分かれるが、いずれもＡＳＭＬが出荷台数の88％、95％を占めている。

ｉ線とＫｒＦでは日本企業が健闘している。しかし、それらの露光装置では、最先端半導体の超微細な回路を高い解像度で転写することができない。それができるのはＥＵＶ（極端紫外線）露光装置だけしかない。

ＥＵＶ露光装置のシェアは現在、世界で唯一開発に成功したオランダのＡＳＭＬが独占している。当然、供給数にかぎりがあり、世界中から注文が殺到していることもあって、なかなか手に入らない状況が常態化している。２０２２年のＥＵＶ出荷台数は40台となっている。

ラピダスは、５ナノまでの世代に必要な開口数０・33の露光装置を２台確保している。そして、その先の３ナノ、２ナノに必要な開口数０・55の露光装置も複数台導入する予定となっている。

世界的に入手困難な貴重な装置を確保できたのは、日本政府の外交成果といっていい。おそらく、米国の対中制裁で中国企業からのキャンセルが発生し、それをうまく確保できたのかもしれない。

量産ラインに移行するまでにはさらに数を集める必要があるが、当初の試作ラインに必要なＥＵＶ露光装置は確保できている。ちなみに、ＥＵＶ露光装置の輸入の障壁になりそうだった「高圧ガス保安法」という法律も、経産省のリードで法改正を終えており、支障はない。

もちろん、単にＥＵＶ露光装置を導入すればよいというものではない。ＥＵＶの運用はきわめて難易度が高いといわれている。ＴＳＭＣやサムスンでは何百万回もの露光ショットの練習を経て、ようやく量産に運用できるレベルに達したという。インテルも当初、２０２３年中にＥＵＶ露光装置を使用した半導体を製造すると表明したが、その計画が想定より遅れている。

日本の技術者には、ＥＵＶ露光装置の運用経験者がいない。しかしラピダスは、すでにエンジニアを米ニューヨーク州アルバニーのＩＢＭ研究所に送り込み、開口数０・33のトレーニングを行っている。開口数０・55についても、ｉｍｅｃとの協業を活用して操作・運用のトレーニングを行う予定だ。

人材不足への対応

残念なことに、長らく半導体産業が低迷していた日本では、半導体にかかわる人材が育っていない。前述のＥＵＶ運用担当者も含めて、ラピダスにはレベルの高い技術者が集められないのではないかと心配する向きもあるようだ。

ただし、それは日本にかぎったことではない。世界中で過去に類を見ないほど半導体向けの設備投資が活況を呈しているいま、人材不足は業界全体にいえることだ。ＴＳＭＣが米アリゾナ州に新工場を立ち上げるにあたって、予定した数の人材を集めることができず苦戦しているという話も聞いている。

その点、ラピダスは〝ギリギリ間に合った〟といっていい。

ラピダスの技術者の平均年齢が50歳強なのをご存じだろうか。東氏にジョン・ケリー氏からの話を相談した小池氏がまっさきに行ったのは、散り散りばらばらになった半導体技術者に声をかけることだったという。かつて活躍したあまたの半導体人材も、定年になったり、外国企業に転職したりしている。その中で、キーとなるエンジニアを集めるのは骨が折れたにちがいない。

声をかけられた彼らは、ラピダスへの入社を決める前から、小池社長を中心に「自分たちで2ナノをつくれるかどうか」の検証に取りかかったという。ゴーと判断するまで、２年間で１００回を超えるミーティングを行ったそうだ。こうした経験豊富で、しかもゼロからかかわってくれるベテラン軍団の手で、ラピダスは立ち上がることになる。

よく「ラピダスに入社したのは、日立や東芝やソニーで電子工学を手がけていたような人たちですか」と聞かれることが多いが、誤解である。半導体工場は、化学プラント以上に化学の要素に満ちている。使用している化学薬品は可燃性や腐食性が高く、専門知識がないと危険だ。

ＪＳＲにいた私の実感としては、半導体製造ライン技術者の6～7割は化学をバックグラウンドとする人材が占めているのではないだろうか。ラピダスにも、ＪＳＲや東京エレクトロンなどの半導体材料、装置産業から人材が移動している。

ただ、ラピダスが量産フェーズに入ったとき、人材不足に直面する可能性はあるだろう。現場の人たちから、高度技能者や経営人材に至るまで、半導体に従事する若い人たちの育成が急がれる。

物理設計技術者の確保は課題

現在、私は東京大学に半導体関連の寄付講座をつくるお手伝いを多少している。大阪大学でも講座が立ち上げられたというし、東北大学は昔から半導体分野に強い。10年、20年かかる仕事かもしれないが、継続してやっていかなければならない。

前述したＬＳＴＣのミッションには、研究開発のほかに若い世代の人材育成がうたわれている。現在、理化学研究所（理研）の五神真理事長がＬＳＴＣアカデミアの代表として懸命に取り組んでいる。

物理設計技術者の確保も欠かせない。

半導体設計は手間、時間、コストがかかる作業だ。とくに設計は重要であるが、半導体の設計には、「論理設計」と「物理設計」の2種類がある。論理設計とは、エヌビディアやアップルのようなファブレスがしていることだといえば想像いただけるだろうか。それぞれの用途にあった論理回路を構築し、デザインする仕事だ。

一方、物理設計は、ファブレスが設計した論理設計を、実際に半導体の回路に落とし込む仕事だ。トランジスタをどこに配置するか、その他の部品をどこに配置するか、それらを結ぶ配線をどのように構築するか。論理設計の観念的な内容を、実際の半導体にどのように配置するかを決めていく。またそのために必要な知財も開発したり購入したりする。日本には前者の論理設計を行う人材も不足しているが、ラピダスにとっては後者の物理設計の技術者やそのサービスを提供するパートナーをいかに確保するかが大事になってくる。

というのも、半導体の微細化が進み、より多くの回路を半導体に盛り込めるようになる

図表2－5　半導体のデザイン開始から製品が完成するまでの工程と日数

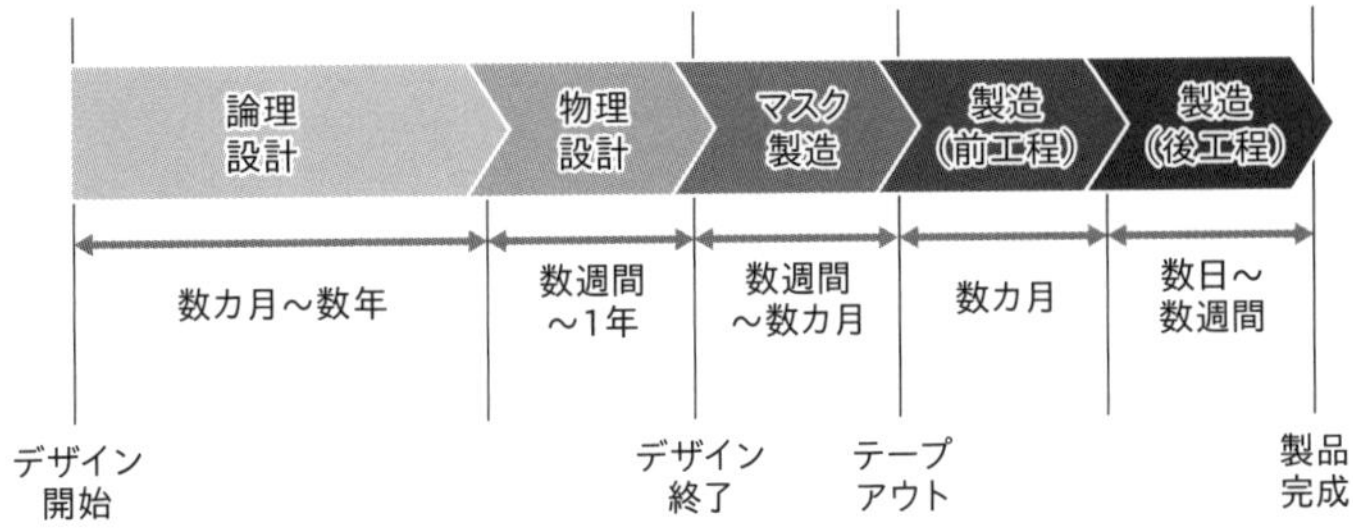

のはいいが、これはとりもなおさず設計者が回路を描き込む作業が増えることにほかならない（図表2－5）。1人の能力にはおのずと限界がある。そこで、1人でも多くの設計者を揃え、皆で分担していくほうがより多くの成果を生む。

もちろん、パートナーであるIBMにも物理設計の技術者がいる。場合によっては、同志国のパートナーにアウトソースすることもできる。とはいえ、やがてIBMから〝独り立ち〟しなければならない時期が来る。それまでには、物理設計の技術者を自前で育成しておく必要があるだろう。

寄り合い所帯ではない

ところでラピダスは、自社で従業員を採用している。何だ、当たり前のことではないかと思われるかもしれないが、実はこれが大事なポイントである。

第1章で、日米半導体摩擦のあと、凋落していく日本の復活を期していくつもの国プロが立ち上がり、ことごとく失敗したとお話しした。

これはメンバー企業の態度に問題があったというより、各社から従業員が出向してきている〝寄り合い所帯〟の宿命だったといえる。いずれは自社に戻るのだから、「他社に出し抜かれたくない」「自社に役立つものを独り占めしたい」と思うのは仕方あるまい。あるいは、国プロが役に立たないと見かぎったときは協力をしなくなることもあるだろう。足並みが揃うわけがない。

これに対し、同じ国プロでも、ベルギーのｉｍｅｃは実績を出している。メンバー企業から一定の人材を受け入れるものの、マネジメント層はｉｍｅｃが独自に採用した人材を充てているためだろう。メンバー企業と利益相反の関係にならないよう工夫しているのだ。

ラピダスは、ｉｍｅｃよりさらに徹底しており、出資企業から出向してきた社員は一切いない。寄り合い内部での思惑、しがらみ、揉め事、いさかいは起きない。ただひたすらラピダスの目的に向かって一意専心できる。

そもそも、ラピダスを今までの国プロと比較すること自体、適切でない。これまでの国プロは国が主導し、国の予算で開発をしてきた。しかし、ラピダスは国から開発を委託されているのであって、委託に基づいて助成を受けているにすぎない。国は資金を助成するだけで、口は出さない。マネジメントにも従業員にも資本関係にも、国はかかわっていない。

ＴＳＭＣの熊本第１工場にも建設資金として４７６０億円が助成されたが、ＴＳＭＣはもちろん、運営を担当するＪＡＳＭにも国の人的介入はない。

このあたりについて、ラピダスは誤解されているふしがあるように思えてならない。

ラピダスはオールジャパンではない

もっといえば、ラピダスは国策企業でさえない。

米ＩＢＭが深く関与するのはもちろん、ベルギーのｉｍｅｃも全面的な協力関係にあることはお話しした通りだ。立ち上げ期こそ日本企業の出資で成り立っているが、ゆくゆくは海外企業からの出資も引き受ける予定だ。場合によっては、日本で上場しなくてもいいかもしれない。

オールジャパンでなく、国をまたぐ大型プロジェクトであることは、とても健康的だと思う。

過去の日本の半導体産業が没落した背景には、日本のエンジニアが持つ独特の「カイゼン」気質があると思う。外国のものは改善の余地があるとして、そのまま受け入れることをよしとしない。改善に時間を費やすうちに、本当のゴールを忘れてしまう。

こうした気質があるかぎり、立ち上げは遅れがちになる。その点、ラピダスはさまざまな国がかかわる多様性のある企業だ。

ただ、日本の政権が代わったり、関係国のリーダーが代わったりしたときに、「もうラピダスにかかわることはやめた」と途中で投げ出されるかもしれないリスクはある。

その点、今回は、日米が半導体技術協力に関する二国間合意を取りつけている。

それが、2022年5月4日に合意した「半導体協力基本原則」だ。日本政府の代表として萩生田光一経済産業大臣、米国政府の代表としてジーナ・レモンド商務長官が調印している。

また同じ月の23日に開催された日米首脳会談では、半導体協力基本原則に基づく次世代半導体開発のタスクフォースの設置が発表された。

さらに、2022年7月に開催された日米経済政策協議委員会（経済版「2＋2」）では、重要かつ新興技術の育成・保護に向けて、日米共同研究開発の推進に合意した。この中で、日本側の取り組みとして、研究開発組織の立ち上げが発表された。この組織は、日本版N

STC（国立半導体技術センター）という位置づけである。

翌2023年の5月26日に開かれた日米商務・産業パートナーシップ（JUCIP）の会合においては、西村康稔経済産業大臣とレモンド商務長官の間で、経済安全保障や地域の経済秩序の維持・強化において、両国の協力を深化させることが不可欠である点が再確認された。

そこでは、半導体協力基本原則に基づいて設置された日米共同タスクフォースのもと、日本と米国が次世代半導体分野での連携を強め、新たに設立された日本版NSTCとLSTCの協力を促進することが確認された。

いわば、国家間でラピダスへの変わらぬ協力が外交で「ピン止め」されたのである。

成功の逆襲

ここまでで、私なりにラピダスの可能性をお話しし、ラピダス批判に対するお応えもしてきたつもりだ。

ただもう1つ、本章の最初で私が直面した〝批判〟を覚えておいでだろうか。

せっかく半導体製造装置、材料の分野で世界をリードしているのだから、この分野にさ

図表2－6　半導体製造装置・素材の日本のシェアは高いが……

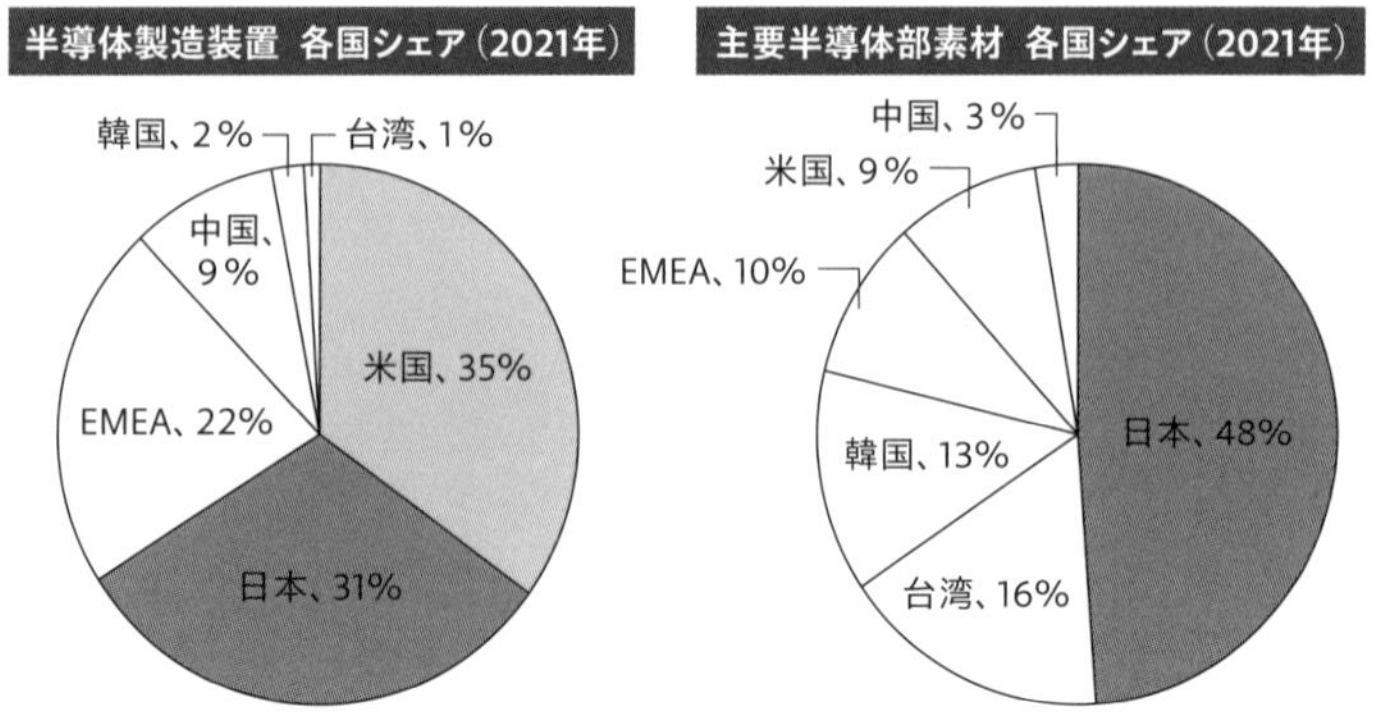

（注）主要半導体部素材品目（ウェーハ、レジスト、CMPスラリ、フォトマスク、ターゲット材、ボンディングワイヤ）のシェア

（出所）経済産業省資料をもとに筆者作成

らに投資すれば、それでいいではないかという声だ。

図表2－6および図表2－7は、半導体製造装置・素材の世界シェア、および主な日系半導体製造装置、材料メーカーの一覧だ。

２０２１年の時点で、日本は半導体製造装置で米国（35％）に続く2位（31％）となっている。ＥＭＥＡはヨーロッパ・中東・アフリカの合算なので、米日2カ国が他の追随を許さない形だ。

主要半導体部素材では、日本が突出して強く、シェアは48％に上る。ＴＳＭＣもサムスンもインテルも、日本の部素材メーカーなくして半導体はつくれない。

たしかに日本はこの2分野で強い。もちろん、私の古巣も主要半導体部素材業界なので、

図表２−７　半導体製造工程にかかわる日本の主な装置·材料メーカー

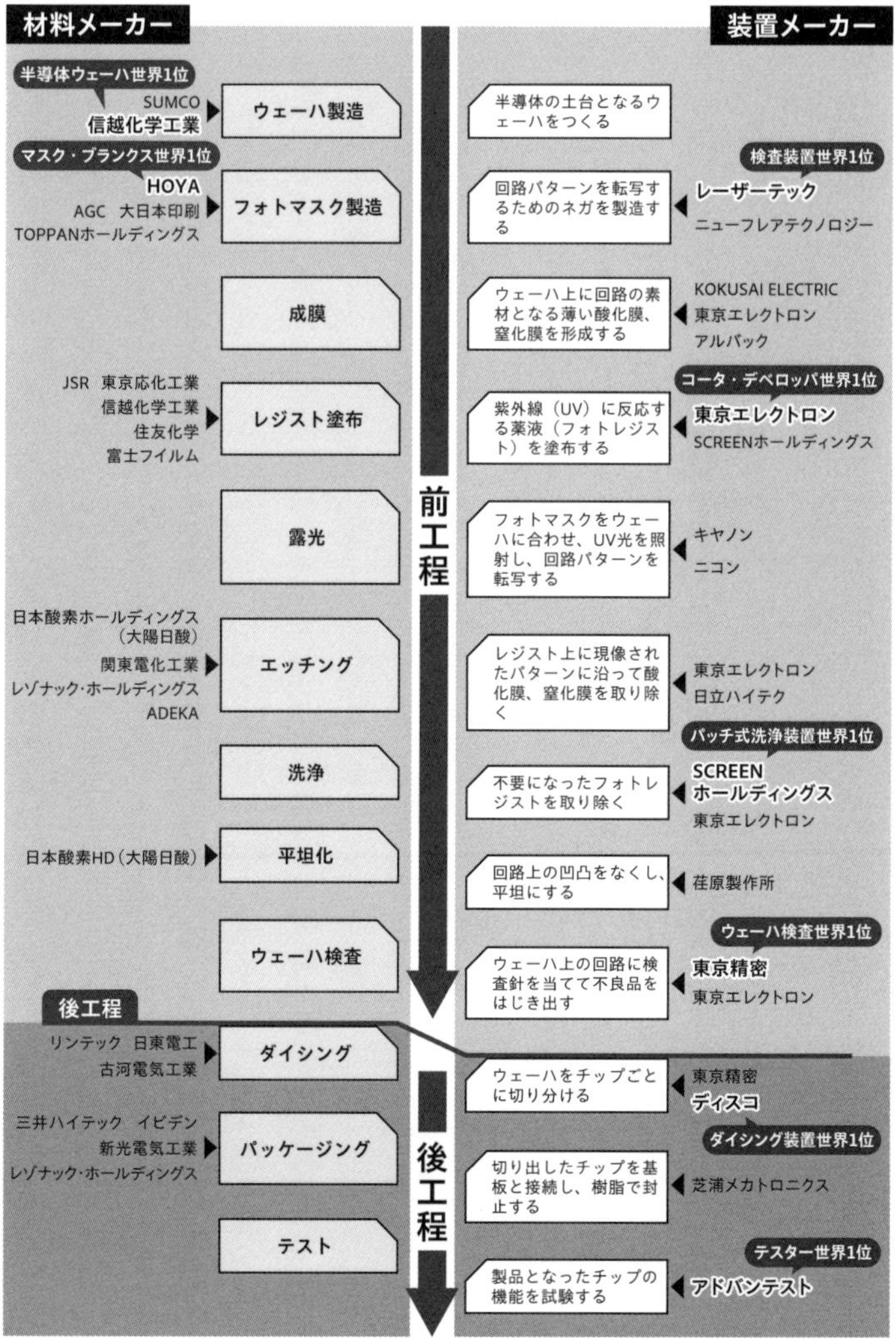

（出所）『週刊東洋経済』2022年11月22日号をもとに筆者作成

そこにさらに注力しようという話はありがたい。だからといって、強みのあるものだけに投資をすればいいという考えには賛同しかねる。

いま強い部門に集中し、より強くなったほうがいいと考えるのは、典型的に企業が失敗するパターンだ。これはさまざまな産業分野でしばしば起きる現象で、「成功の逆襲」と呼ばれる。技術経営（ＭＯＴ：Management Of Technology）の教科書では必ず習う話だ。

やや余談になるが、日本企業を見ていると、どうしても目の前の確実な事業ばかりに力を入れているように感じることがある。たとえ収益性が低くてもだ。

逆に、短期的には投資先行となる事業、将来の予測がつきにくいような事業には、腰が引けがちに見える。あるいは、「現在のマーケットニーズに応えるのが先だ」などともっともらしいことをいって、手をつけようとさえしない。

多くの場合、現在のマーケットニーズに応えるというのは、レッドオーシャンに飛び込む行為そのものである。たいていは競争に負けてしまうのだが、それにも懲りず、次の確実な事業に力を入れるのだからわからない。

こうした傾向は、中途半端に成功している企業の役員レベルに多い気がする。話を聞いてみると、何かロジックがあってそう判断しているわけでもないらしい。さまざまなロジックを積み上げて、最後は自分の感性を信じてものごとを決断する人が、意外に少ない。

図表2－8　魔の川・死の谷・ダーウィンの海

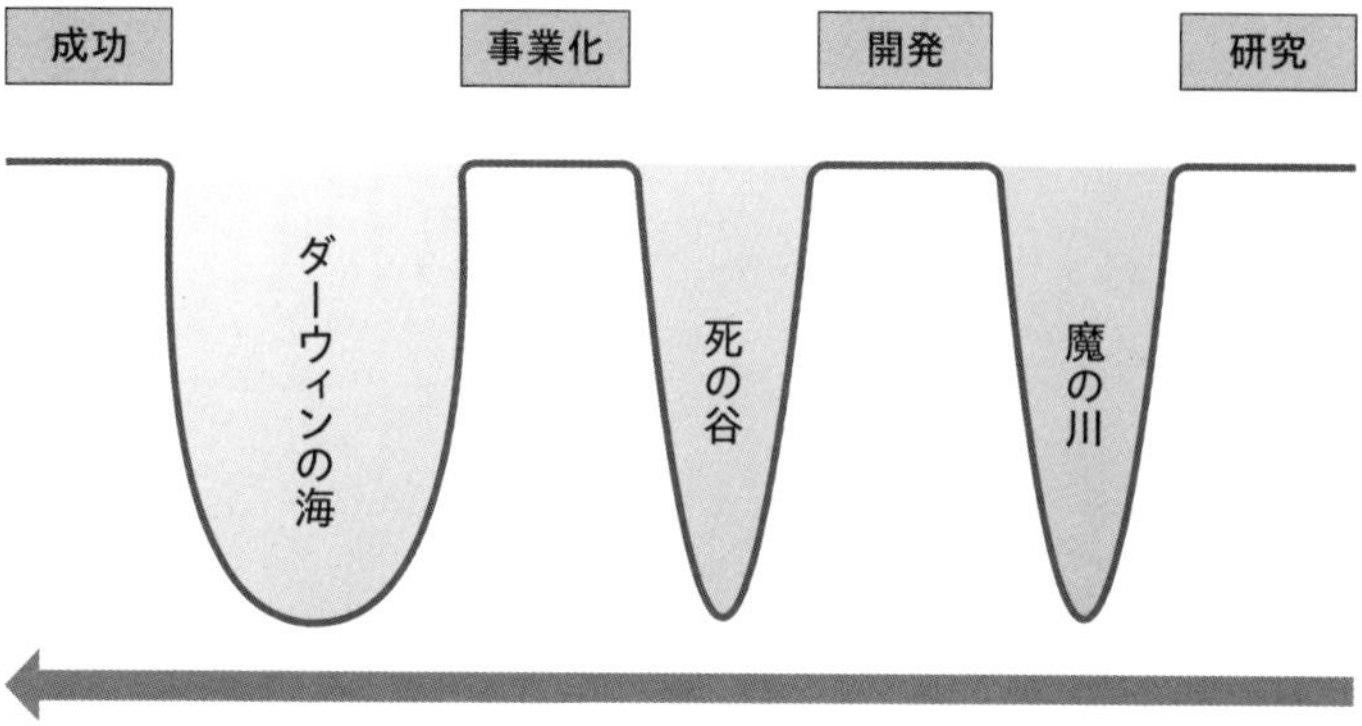

リードユーザーイノベーション

技術経営の観点から、もう1つお話ししておきたい。

あるテクノロジーが社会実装されるまでには、「魔の川」「死の谷」「ダーウィンの海」という3つの難所があるといわれる（図表2－8）。

1つ目の魔の川とは、研究と製品化に向けた開発ステージとの間に待ちかまえている難所だ。どんなにすばらしい研究成果があっても、実際の製品にはなかなか結びつきにくい。その間に、コストが泡のように消えていくことから魔の川と呼ばれる。

2つ目の死の谷は、開発ステージと事業化ステージとの間に待ちかまえている難所だ。事業化は製品の発売や、サービスの開始と考えてもらえばいい。

事業化するにあたっては手間もコストも段違いにかかるため、失敗したときには落ちて死んでしまうリスクもある。そこから、死の谷と呼ばれる。

3つ目のダーウィンの海は、事業化から成功までの間に待ちかまえている難所だ。成功するには、他社との生存競争をくぐり抜ける必要がある。それをダーウィンの進化論になぞらえて、ダーウィンの海と呼ばれる。

半導体の場合はどうだろうか。

たとえば、2つ目の難所である死の谷を乗り越えるには、「リードユーザーイノベーション」が必要だといわれる。自社でいくら頭をひねっても限界がある。むしろ、販売先である、その業界をリードするユーザーの声を聞くことで、事業化への着想を得たり、イノベーションが生まれたりすることがよくある。「お客さんの一言からヒントをもらって……」というのは、昔もいまも1つの成功パターンだ。この場合、ユーザーは近い存在であればあるほど〝生の声〟が聞けてよい。

DRAMはJEDECが決めた企画にのっとって作るだけなので、ユーザーとの対話も何も必要なかった。一方、ロジック半導体はユーザーとの対話が必要になる製品だが、第1章の終わりで触れたとおり、日本はロジックへの進出に遅れた。ようやくロジックを作ろうかというころには、日系家電メーカーも韓国や中国に押され、すでに国内には実質的にユーザー不在となっていたのだ。こうして、日本の半導体は死の谷へまっさかさまに落ちていってしまった。

ラピダスが今後、軌道に乗るためには、やはり国内にユーザーがいるほうがいいだろう。その点、これまでお話ししてきたように量子コンピュータや、第4章で説明するマルチ・アクセス・エッジ・コンピューティング（ＭＥＣ）を使う新たなユーザーの登場が見込まれる。

重要なのは、半導体製造装置や材料メーカーにとってＪＡＳＭやラピダスがユーザーになることで、リードユーザーイノベーションが起きることだ。技術経営の観点からすれば、単に半導体製造装置や材料に資金をつぎ込むより、はるかに効果的といえる。

ダーウィンの海がない

３つ目のダーウィンの海（事業化から成功までの間に待ちかまえている難所）についてもつけ加えておきたい。

ＢtoＣの商品でもＢtoＢのサービスであっても、発売したらしっぱなしではなく、売り方を工夫したり、「こんな使い方もできますよ」と新たな価値を訴求したりするのが普通だ。ところが、半導体に関してはそういうことはしない。死の谷を越えて発売した段階で終わり。さっさとふりだしに戻り、次世代製品の研究・製品開発に取りかかる。これは半導体製造装置でも半導体部材料でも変わらない。

つまり、魔の川→死の谷→ダーウィンの海ではなく、魔の川→死の谷→魔の川→死の谷……というサイクルを繰り返す。1サイクルは、ムーアの法則通りちょうど1年半〜2年。このせわしないサイクルを回し続けられるかどうかが、生き残りを決めることになる。

やや横道にそれたが、あらためて冒頭の批判に応えるとしたら、「いま強い装置と材料をさらに強くしようというのは、典型的な失敗につながるのでやめたほうがよい。むしろ、ラピダスをつくることが装置と材料を強くすると考えるべき」となるだろう。

さらにつけ加えるなら、装置と材料は、大きくくくれば労働集約的な産業である。それを伸ばすだけでは、結局のところ日本は労働集約的経済から抜け出せず、成長にはつながらない。このことは、次章で詳しくお話ししよう。

第3章 半導体戦略としての「生産性革命」

『100年予測』との出会い

「ほう、こんな本があるのか」

ＪＳＲの社長になった2009年、出張で訪れた米ダラス・フォートワース国際空港の書店で、ある1冊の本が目に留まった。

「影のＣＩＡ」との異名を持つストラトフォーの創業者、ジョージ・フリードマンの『THE NEXT 100 YEARS: A FORECAST for the 21st CENTURY』だった。

私は生粋の理系人間で、子どものころから地理も歴史も大嫌いだった。普段だったら、この手の本を手に取ろうとも思わなかっただろう。

当時、日本社会もＪＳＲも、２００８年以降のリーマンショックの影響を引きずっていた。

しかも、ＪＳＲは過去の海外投資の失敗で痛い目に遭っていた。イランにおけるプロジェクトを三井物産と協調して進めていたが、１９７９年に勃発したイラン革命によって、プロジェクトが水泡に帰したのだ。

ＪＳＲにはそのトラウマが残り、グローバルな投資に慎重になっていた。「失敗はなぜ起こったのかについて熟考しなければ、このトラウマは乗り越えられそうもない」。私はそう考えた。

ＪＳＲは製造業なので、設備投資から回収までに10年かかる。ということは、10年がかりでビジネスを考えなければ、失敗の連鎖は断ち切れない。つまり、10年後そしてその先の世界がどうなっていくのか知らなければならない。

出張中も、その思いが私を強く支配していた。だからこそこの本に引き寄せられたのだろう。アマゾンで調べてみると、どうも日本語訳はないらしい（現在は『１００年予測』というタイトルで早川書房から出ている）。さっそく買い求め、帰りの飛行機の中でページをめくった。

この本は一言でいえば、地理（地政学）と歴史（長期循環）という2つの視座で世の中を見ようという内容だ。フリードマンは、1つめの地政学についてこう定義している。やや長くなるが一部を紹介しよう。

「歴史は循環している」

「地政学は二つの前提の上に成り立っている。第一に、人間は家族よりも大きな単位を組織するが、その過程で必ず政治に携わる。また人間は自分の生まれついた環境、つまり周囲の人々や土地に対して、自然な忠誠心を持っている、という前提である。部族や都市や国家に対する忠誠心は、人間に生まれつき備わっているものだ。いまの時代なら、国家的アイデンティティが非常に重要な意味を持つ。国家間の関係が人間の生活の重要な側面だということ、そして戦争がどこにでも起こり得ることを、地政学は教えてくれる。

第二に、地政学は国家の性格や国家間の関係が、地理に大きく左右されると想定する。ここでは「地理」という用語を広義に解釈して、ある場所の物理的位置という以外にも、その場所が個人や地域社会に及ぼす影響を含めるものとする」（ジョージ・フリードマン『100年予測』ハヤカワ文庫NF）

やや難しい筆致だが、つまり、人間は「どの国にいるか」、国家は「どこに位置しているか」に大きく左右される。そうした視点で考えていくと、国家が取りうる行動の選択肢がおのずと見えてきて、100年単位での予測もできるというのだ。

もう1つは、歴史は循環するという視点だ。たとえば世界の中心は、19世紀に世界を支配していた英国から、二度の世界大戦で覇権を握った米国に移った。支配者は当然のごとく嫌われ、恐れられる。よって、21世紀前半は米国を封じ込めるための同盟を構築しようとする勢力が登場する。そうすると、その同盟の形成を阻止しようとする米国との衝突、つまり戦争は必ず再び起きる――とフリードマンはいう。

フリードマンの主張は印象深く、示唆に富んでいた。本を読み終えた私は、地理と歴史という2つの視座に立って、いくつもの重要な経営上の決断をしていった。

中国のマーケットを取るための投資やビジネスは行うが、中国をJSRのサプライチェーンには絶対に組み込まないと決めたのもその1つだ。現在の中国リスクを見ると、この決断が正しかったことが証明されている。

その後も、10年、20年先の世界を想定しながら中期計画を策定し、経営判断を重ねていったつもりだ。手前味噌になるが、そのときの施策は、ほとんど外していないと思う。

図表3－1　世界の覇権の変遷

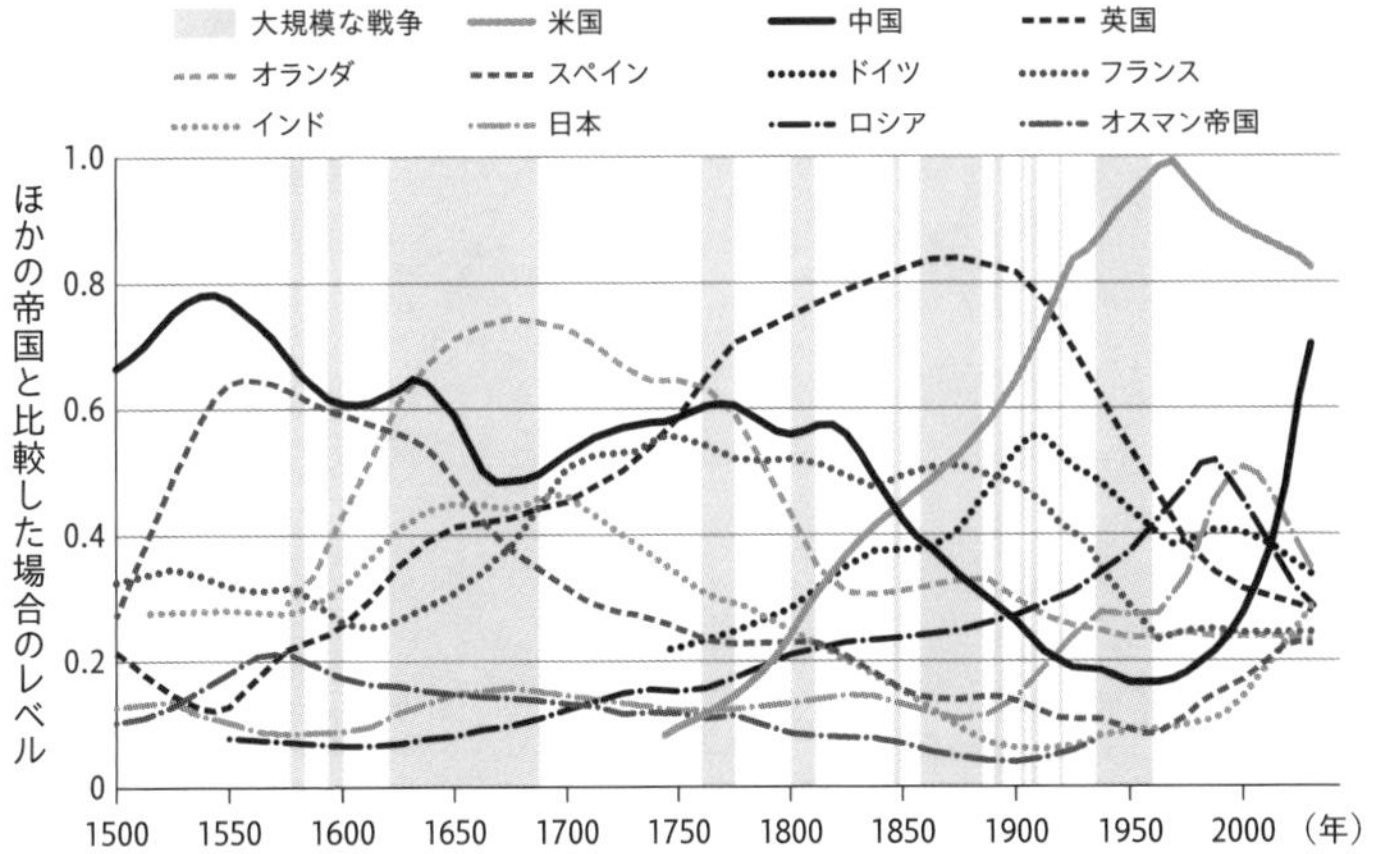

（出所）レイ・ダリオ『Principles for Dealing with The Changing World Order』をもとに筆者作成

テクノロジーが世界を動かす

その後、私はもう1冊の重要な本に出会う。レイ・ダリオの『Principles for Dealing with The Changing World Order』（日本語訳は『世界秩序の変化に対処するための原則』日本経済新聞出版）だ。

ダリオはヘッジファンドの経営者で、長期循環に基づいて世界を見て、上手にリスクヘッジしてきた。この本で、ダリオは５００年間の歴史を調べ、さまざまな国家の栄枯盛衰を調べている。

図表３－１のグラフの線は、過去５００年で最も強力な11の帝国の、相対的な力の推移を示している。

図表3－2　帝国の典型的な栄枯盛衰パターン

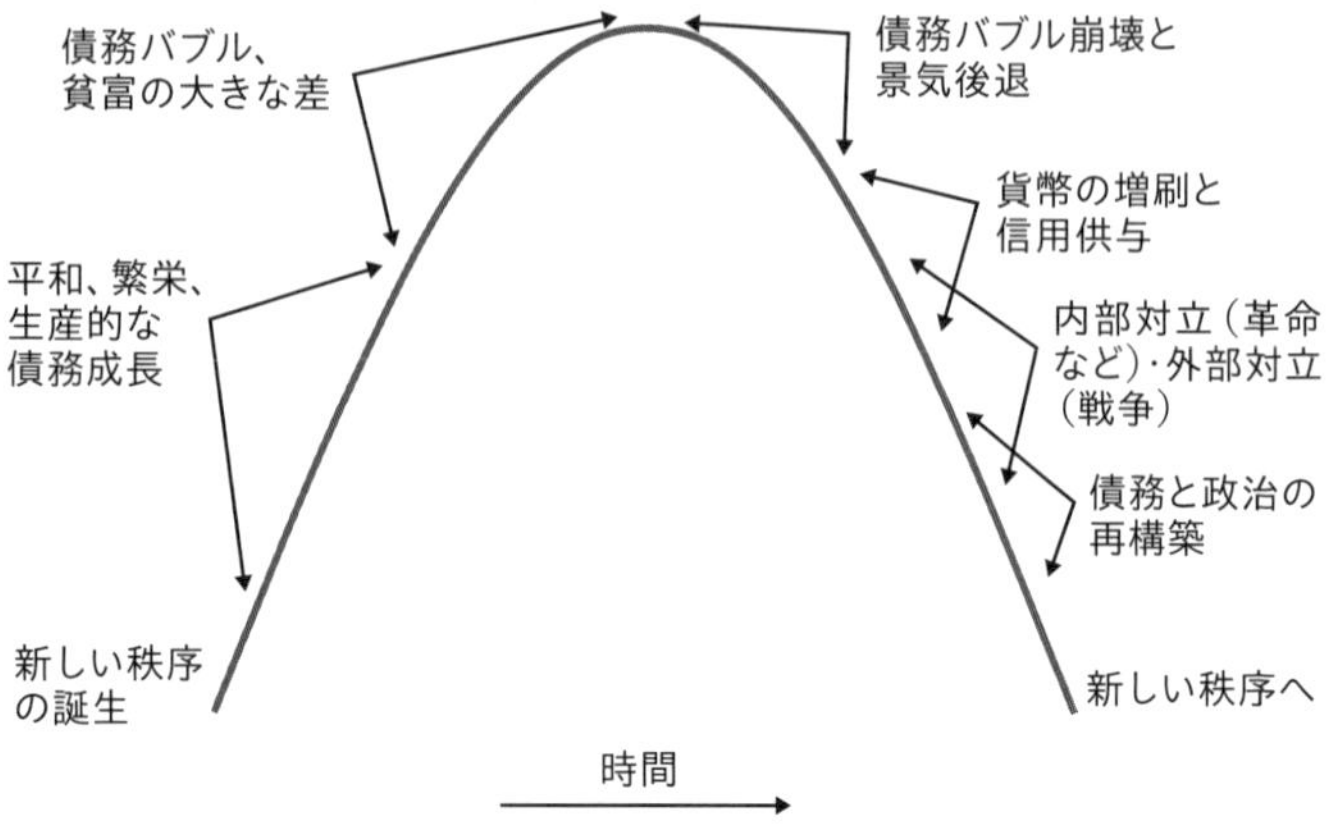

（出所）レイ・ダリオ『Principles for Dealing with The Changing World Order』をもとに筆者作成

オランダは造船技術を武器に17世紀から18世紀ごろの世界を制覇した。その後台頭したのが英国で、19世紀の第2次産業革命によるエネルギー革命を武器に国力を伸ばした。続いて、第1次世界大戦、第2次世界大戦で力をつけた米国が、終戦とともに世界を制覇した。米国の武器は軍事力だった。

つまりどの国家も、何らかのテクノロジーを使って覇権を取ってきたというのである。

もう1つの図を見ていただきたい（図表3－2）。これは、新しい秩序が立ち上がってから、次の新しい秩序ができあがるまで、どのような循環をたどるかを示している。

まず、新しい秩序が確立されると、平和な繁栄の時代に入る。人々がそれに慣れると、繁栄が続くと信じ、お金を借りて生産を増やそうとする。それは最終的に、バブルにつながる。

バブルによって貧富の格差が広がり、バブルが崩壊すると、経済は衰退していく。お金をたくさん刷り、信用を維持しようとするが、貨幣価値が下がるだけで経済はまったく好転しない。

事ここに至ると、国内の不安定化が起こり、しだいに政治は国民の目を外に向けさせようと、外部との紛争、ときには軍事的な戦争を起こしたりする。社会秩序は乱れ、それを立て直そうと政治的な再構築が始まると、やがてそれが新しい秩序になっていく——これが、ダリオのいう典型的な循環だ。

ダリオは、1つの秩序は、人間のライフサイクルと同じ80年程度続くと規定している。

米国の2つの長期循環

実は、先ほどの『100年予測』のジョージ・フリードマンは、『THE STORM BEFORE THE CALM』（日本語訳は『2020-2030 アメリカ大分断：危機の地政学』早川書房）で米国の長期循環についても語っている。

フリードマンは、80年周期で変化する循環と、50年周期で変化する循環の2つが並行して走っていると分析する。

80年の循環は「Institutional Cycles（制度的サイクル）」といい、大統領・連邦政府・州政府の三者のパワーバランスがどう変化するかを表している。米国では独立戦争以降、連邦政府と州は不安定な関係が続いていた。南北戦争をきっかけに、州に対する連邦政府の権限が確立されるが、州もまだまだ力を持っていた。ところが二度の世界大戦を経て連邦政府が大きな力を持ち、州だけでなく社会・経済全体に影響力を与えるようになったという。つまり、戦争をきっかけに、三者間のバランスが大きく変化してきたのだ。

フリードマンは、第1のサイクル（独立戦争終結～南北戦争終結）と第2のサイクル（南北戦争終結～第2次世界大戦終結）がそれぞれおよそ80年であると指摘し、第2次世界大戦後に始まった第3のサイクルが2025年ごろに終了するとしている。

・第1サイクル　1787年の米国合衆国憲法公布から、1865年の南北戦争終結まで。連邦政府と州との関係が不安定な時代
・第2サイクル　1865年から、1945年の第2次世界大戦の終結まで。州に対する連邦政府の権限は確立されたが、州も力を持っていた時代
・第3サイクル　1945年から80年後の2025年まで。二度の世界大戦で州だけ

でなく社会・経済全体に連邦政府が力を持った時代

80年というのは、前述のダリオのいう「80年秩序」と不思議と符合する。

一方、50年ごとの循環は「Socio-Economic Cycles（社会経済的サイクル）」と呼び、こちらはダリオ同様、テクノロジーが先導する形で変化してきたという。

「アメリカの社会と経済には一定のリズムがあり、およそ五〇年ごとに大きな不安と痛みをともなう危機を経験する。その時期のアメリカは、破綻しつつある経済とともに社会までもが崩壊するかのような雰囲気に包まれる。（中略）政治エリートたちは、以前と同じ方法で解決できない問題などないと主張する。しかし、国民の多くはひどい苦しみのなかにおり、エリートの言葉を信じることができない。かくして古い政治エリートとその世界観は切り捨てられ、新しい価値観、新しい政策、新しい指導者が現われる」（ジョージ・フリードマン『２０２０－２０３０　アメリカ大分断：危機の地政学』）

2つの循環が同時に終わろうとしている

この社会経済的サイクルは次のような道のりをたどってきた。

・第1サイクル　1783年から1828年まで。初代のジョージ・ワシントン大統領の名を冠し「ワシントン・サイクル」
・第2サイクル　1828年から1876年まで。第7代アンドリュー・ジャクソン大統領の名を冠し「ジャクソン・サイクル」
・第3サイクル　1876年から1929年まで。第19代ラザフォード・ヘイズ大統領の名を冠し「ヘイズ・サイクル」
・第4サイクル　1932年から1980年まで。第32代フランクリン・ルーズベルト大統領の名を冠し「ルーズベルト・サイクル」
・第5サイクル　1980年から2030年ごろまで。第40代ロナルド・レーガン大統領の名を冠し「レーガン・サイクル」

たとえば、第4サイクルは自動車というテクノロジーが先導したが、終盤になるとベトナム戦争が起きたり、石油ショック後のスタグフレーションが起きたり、キング牧師が暗殺されたりと混乱し、米国衰退論も台頭した。

第5サイクルは、本書でもこれまで見てきた通り、半導体とそれに支えられたテクノロ

図表3－3　フリードマンの循環論

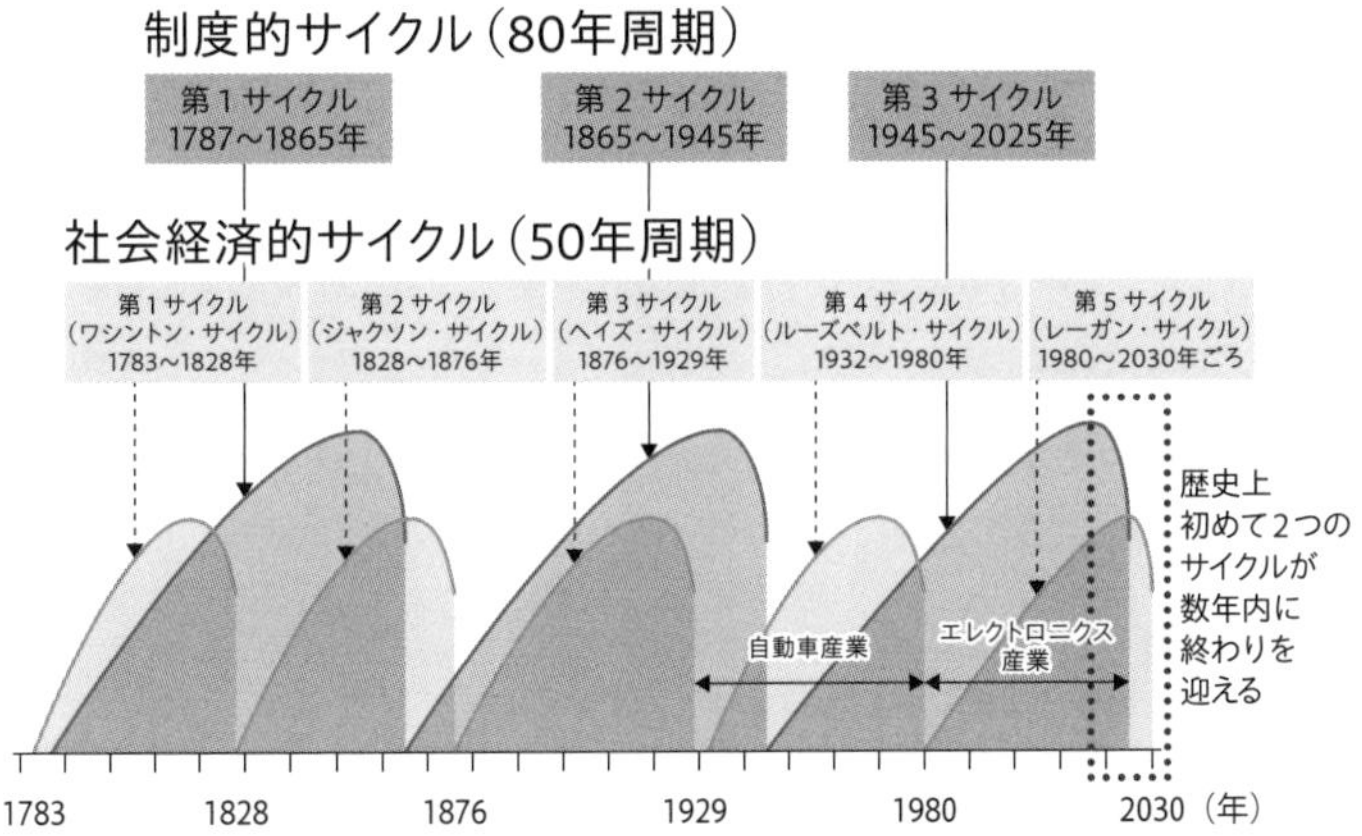

（出所）ジオポリティカル・フューチャーズ資料をもとに筆者作成

ジー（インターネット、ＡＩ）が先導してきた。２０２４年は、第５サイクルの終盤――つまり社会的混乱や制度疲労が目立つようになり、米国衰退論が頭をもたげつつある時期にあたる。

米国の次の大統領選挙は２０２４年、その次は２０２８年に行われる。フリードマンによれば「第６サイクル」は２０２８年の大統領選挙のあとに始まるとのことである。

注目してもらいたいのは、第３の制度的サイクル（～２０２５年）と第５の社会経済的サイクル（～２０３０年ごろ）が、いままさにほぼ同時に終結しようとしている点である。米国の歴史上、２つのサイクルがほぼ同時に終結するのは初めてのことなのだ（図表３－３）。

いまは「静けさの前の嵐」

あらためて本のタイトルに注目して欲しい。通常であれば「THE CALM BEFORE THE STORM（嵐の前の静けさ）」というフレーズが一般的だが、フリードマンは「THE STORM BEFORE THE CALM（静けさの前の嵐）」とうたっている。2つのサイクルが同時終了するまでは「嵐」が起きるだろうが、それはそのあとに訪れる秩序（静けさ）の前触れだというのだ。

フリードマンほどシステマティックな分析はしていないが、国際政治学者のイアン・ブレマーは、2017年に「第2次世界大戦以降、ジオポリティカル・リセッション（地政学的な後退期）にはじめて入った」と指摘している。

フリードマン、ダリオ、ブレマーに共通しているのは、2020年代がダウントレンドにあるという見立てだ。

いまが時代の大きな変わり目であるという論拠はもう1つある。収穫加速の法則という考え方だ（図表3－4）。

ヨーロッパでは1445年ごろ、ヨハネス・グーテンベルクによって活版印刷が生まれ、

図表3－4　収穫加速の法則

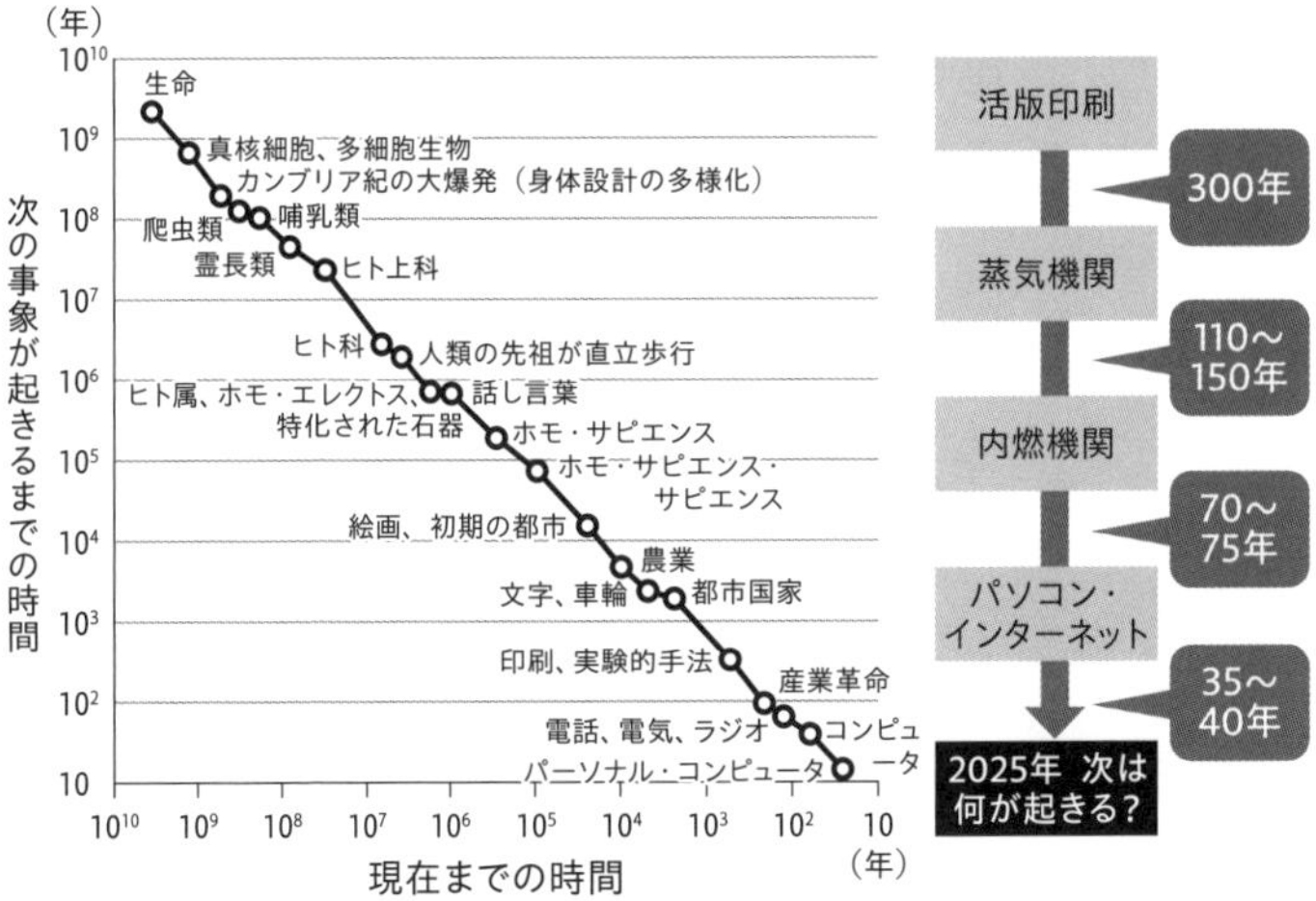

（出所）レイ・カーツワイル『ポスト・ヒューマン誕生』（NHK出版）をもとに筆者作成

書籍などが広く流布した。その結果、人々の間に情報や知見が広まり、ルネッサンスや宗教改革などの社会運動が盛んになった。

そのおよそ３００年後の１７６０年ごろ、第１次産業革命が始まり、石炭を主原料とする蒸気機関が開発された。これによって、産業や社会構造が激変した。

そこからおよそ１１０年後から１５０年後の１８７０年ごろから１９１４年ごろまでの間に、第２次産業革命が起こった。蒸気機関から石油を主原料とする内燃機関に動力源がシフトし、エネルギー効率が飛躍的に向上した。

そしてその70～75年後の１９８５年前後に、パソコンとインターネットが普及し始め、私たちの世界を再びがらりと変えた。

このように見ると、大きな社会変革が起きるペースは、３００年、１１０〜１５０年、70〜75年という形で、２分の１ずつ短くなってきている。そうなると次は35〜40年、つまり、２０２５年前後に大きな変革期がやってきてもおかしくない。

次の長期循環を牽引する3つのテクノロジー

フリードマンの循環論が正しければ、80年周期的にはもうすぐ戦争が起きることになり、50年周期的には「半導体の世紀」は終わり、新しいサイクルを先導するテクノロジーが登場することになる。

私は政治学者でも何でもないので、戦争が起きるかについてはわからない。昨今のウクライナ戦争やイスラエル・ハマス戦争が起こり、北朝鮮とロシア、中国とロシアの不気味な接近、そして万が一あるかもしれない台湾有事などを見ると、すでに戦争は起きているのかもしれない。いまの状況を第３次世界大戦だという人もいるほどだ。個人的にはロシアの国力と中国に同盟国がいないことを考えると、世界大戦には発展しないと思っているが……。

一方で、第６の社会経済的サイクルを先導するテクノロジーがいったい何なのかについては、私なりの考えがある。それはずばり「ＡＩ」「バイオテック（バイオ）」「量子」の3つだ。

もちろん、宇宙や海洋といった分野も無視できない。しかし、世界中の社会、生活、生き方を広く変えるという意味では、この3つしかないだろう。

この3つのテクノロジーの基盤をとことんまで探っていくと、すべての根底にコンピュータの計算能力と、それを支える半導体があることに気づかされる。

お話ししてきた通り、ＡＩには膨大な計算能力が必要だし、バイオテクノロジーを解析するにも、膨大な演算が不可欠だ。量子についてはいうに及ばない。つまり、計算能力の向上こそが、いままで以上にこれからの時代を引っ張っていくといっていい。

日本にとって、米国に50年に一度めぐってくる新しい長期循環のチャンスを逃す方法はない。逆に、このチャンスをつかめなければ、日本は50年単位の長期停滞に落ち込むことになるといっても過言ではない。

計算能力が上がると「生産性」も上がる

計算能力の向上というと、何かＩＴの世界だけの話で、「コンピュータをいかにぶん回せるかということなんでしょう」と誤解する人も多いかもしれない。

しかし、計算能力の向上は、生産性の向上とも密接不可分に結びついている。生産性の向上が経済成長につながるのはいうまでもない。

そこで、ここで少し生産性について考えてみたい。

生産性と聞いて、まっさきに思い浮かぶのはトマ・ピケティの「r＞g」だろう。『21世紀の資本』（みすず書房）が日本で刊行された当時、さまざまなメディアでこの不等式が躍ったのを覚えている方も多いはずだ。

「r＞g」は、資本収益率（r）は、経済成長率（g）をつねに上回る、という式だ。

株や不動産、債券などへの投資によって獲得される利益の成長率は、労働によって得られる賃金上昇率を上回るという意味だが、これを生産性という言葉で表現すると、「資本生産性＞労働生産性」ということになる（労働生産性＝国内総生産［GDP］÷［労働者数×労働時間］）。

ピケティは20カ国以上の税務統計を過去200年以上さかのぼって収集し、r（資本生産性）が平均4〜5％になるとはじき出した。投資効率を考えるときに用いられる加重平均資本コスト（WACC）で測ると、現在の我が国の一般的な製造業の資本コストは6〜8％となっている。つまり、資本家からすると6〜8％の資本生産性となる。

一方のｇ（労働生産性）はどうだろう。ＧＤＰを労働生産性の指標とすると、日本の高度成長期には経済成長率が年平均10％前後で推移していたので、明らかにｒよりｇのほうが高い時期もあった。

しかし、第２次産業革命から１２０年が経過し、供給が需要を上回るようになった。一言でいえば「モノが溢れている」状態だ。大量生産のメリットが希薄化した結果、世界の先進国では労働生産性の改善が頭打ちとなり、ＧＤＰ成長率は１％から３％程度にとどまっている。

中国の成長率は高い水準を保っていたが、最近は経済成長率が６％を切る水準まで下がっている。そうなると、中国でも労働者より資本家が儲かる世界になる。格差が広がり、民衆の不満は高まっていく。とくに、中国はさまざまな社会保障が整備されていない。この問題は、かなりシリアスである。

日本企業はとくに、高度経済成長期という成功体験があるため、労働生産性を上げればよいという考え方から抜けきれない。半導体製造装置や材料にばかり注目するのもその典型といえる。

労働集約型産業は、労働者の数や質によって生産性が大方決まってしまう。しかも最近では、人口減少や労働時間の減少によって生産量が減少し、生産性が落ちている。労働力の高齢化、賃金上昇などによってマイナス成長になっている分野もある。

労働生産性にこだわりすぎた日本

図表3－5は、G7参加国の1人当たりGDP推移（1970年〜）である。

これを見ると、米国は、前出のレーガン・サイクル（1980年〜）以降の伸びがめざましい。後述するが、私はこのころから米国が資本生産性を使い始めたのではないかと考えている。資本生産性を「使う」という言い方は聞き慣れないかもしれないが、簡単にいうと、株や不動産、債券などの金融資産への投資だけではなく、買収も含めて企業への投資を行うことである。

一方の日本は、第2次世界大戦後、世界でいち早く労働生産性を向上させ、他国に追いついた。1990年代には日本の1人当たりGDPは米国を凌駕する時期もあったが、その後は「失われた30年」によって相対的に凋落している。

私にいわせれば、これは資本生産性を使ってこなかった結果である。日本企業はバブル崩壊の苦い経験から保有現金を過剰に貯め込み、内部留保を厚くすることによる危機対応力向上に気をとられすぎた。その結果、M&Aなどの投資に消極的だ。投資はリスクと思

図表3－5　各国の1人当たり GDP 推移

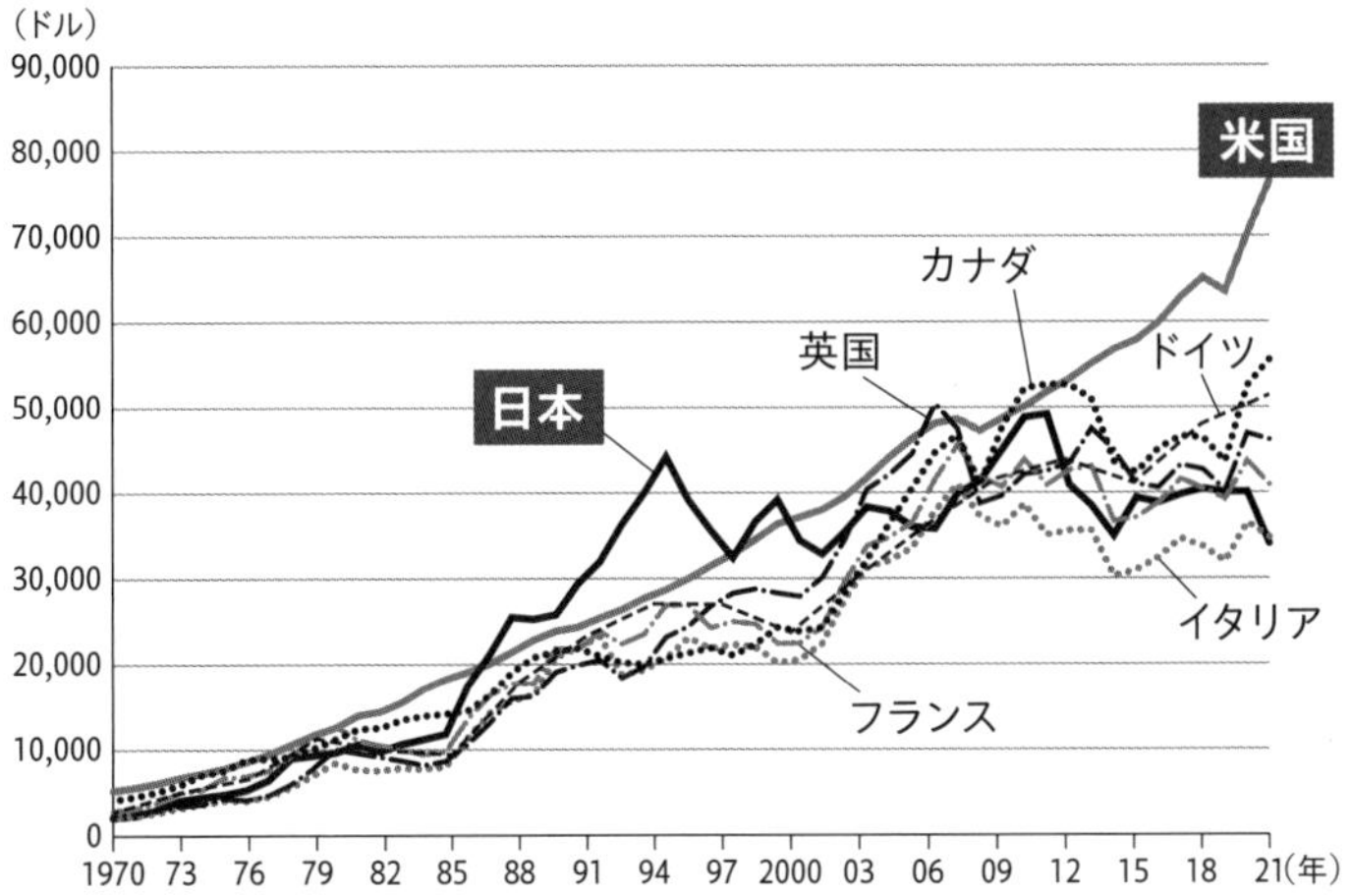

い込み、失敗することを恐れている。そうして、あいかわらず労働生産性を中心としたビジネスモデルから脱していない。

ややや我田引水になるかもしれないが、私がJSRの社長になって最初にしたことは、「わが社はメーカーであると同時に、〝戦略投資家〟である」という定義づけだった。そのため、すぐに会計基準をIFRS（国際財務報告基準）に替えた。日本の会計基準では、M＆Aによって獲得した無形資産を一律の基準で償却する必要がある。それをなくしたかったのだ。

投資が100％うまくいくことはない。M＆Aを専門とするヘッジファンドは、10の企業を買収し、1つでも成功すれば大きな利益が出る。JSRでは、3つのM＆Aを行って

1つでも成功すれば十分だという認識で動いていた。それくらい〝甘い〟基準にしないと、臆病な日本企業は資本生産性を使いたがらない。

いばることではないかもしれないが、社長就任時にわが社のバランスシートに載っていた700億円の現金などの「流動資産」を、私は企業買収や戦略投資に注ぎ込み、退任時には700億円の借金に変えてしまった。すなわち1400億円相当の有形・無形資産を成長のために費やしたのだ。

もちろん労働生産性も上げるよう努力する必要はある。JSRも製造業である以上、工場の生産性を高める手はしっかりと打っていた。問題は、労働生産性だけにしがみつくことだ。

ビットの生産性

話を計算能力と生産性の話に戻そう。

これまで見てきた通り、生産性は長らく労働生産性と資本生産性の二元論で語られてきた。ピケティもその慣例に沿って論を構築している。

しかし近年、それだけでは説明しきれない動きが出てきた。それが「ビットの生産性

（b）」である。
ビットの生産性というのは私の造語だ。ビット（bit）とは、コンピュータが計算するときに一度に扱えるデータの大きさを表す。ビットの生産性とは、半導体がもたらす生産性のことである。もっといえば、半導体は2年で2倍ずつ性能が上がるというムーアの法則を事業に結びつけることができれば、労働生産性はもちろん資本生産性も簡単に上回ることができるということだ。

もう少し説明しよう。

「日本企業はコンピュテーショナル・デザインという考え方を知らないよね」

2018年、私は、三菱ケミカルホールディングス取締役会長で経済同友会代表幹事の小林喜光氏と一緒に、シリコンバレーに視察に出かけた。アップル本社も視察したが、そのときに案内してくれたジェームス・比嘉氏にいわれたのがこの言葉だ。

ジェームス・比嘉氏は、MITメディアラボの出身で、もともとはスティーブ・ジョブズと一緒に働いていた人物だ。彼の説明によると、コンピュテーショナル・デザインとは、ムーアの法則を経営戦略に組み込むことだという。それによって、スケーラビリティー（拡張性）を達成し、短時間で巨大な成長力を実現することができるというのだ。

将来の進化を先取りする

比嘉氏によると、スティーブ・ジョブズは、初めから半導体の進化を想定して、ビジネスを考えていたという。

アップルがいま、2025年に発売するiPhoneの開発を始めたとする。その際彼らは、発売から2年後にいまより進化した半導体が処理できること、3年後にはさらに進化した半導体が処理できることを予測したうえでアプリケーションを開発し、ソフトウエアの中に密かに〝隠して〟おく。もちろん、一般ユーザーの権限ではアクセスすることはできない。

半導体はムーアの法則とともに勝手に性能を上げてくれるので、ときが来たら隠しておいたアプリを順次〝開放〟していけばいい。アップルとしてみれば、新機種ごとにアプリの開発をする必要がない。一方のユーザーからすれば、最新機種に見合った最新性能のアプリがいきなりリリースされたように思える。消費者の期待を超え、驚きを提供することで、ますますアップルのとりこになる。これこそがジェームス・比嘉氏のいうコンピューティショナル・デザイン、すなわちムーアの法則を前提とした「先取り」戦略だ。

若者はこうした隠しアプリをいち早く引っ張りだし、開放することに楽しみを見出している。私の息子もその1人だ。いわゆる「jailbreak（脱獄）」と呼ばれ、iPhone5や6のころにはとくに流行った。

同じように、デジタル広告の世界でも、一度アルゴリズムを開発しておき、半導体の進化とともにより多くのユーザーに広告を届けるようなしくみは一般的となっている。

ところが、日本では、ムーアの法則は単にテクノロジーの法則にすぎないと勘違いしている人が多い。同時に、将来の動きを先取りして動こうとする人も少ない。それどころか、過去にばかり目を向けたがる人も多い。

最近、ある国立研究所の所長と議論になった。

「小柴さん、これからうちはデータをどんどん蓄積して、材料のデータベースをつくろうと思っているんですよ」

そんなことをいい出したからだ。失礼ながら、私はあきれた顔をしてしまった。

「何をいっているんですか。古いデータをいくら蓄積したところで、まったく意味なんてありませんよ」

その後、ひとしきり言い合いになった。

古いデータは、時間が経つほど鮮度が劣化していく。つまり、価値が毀損されていく。

データを蓄積するのにかかるコストに対して、パフォーマンスが見合わない。
アーカイブとか、過去のものを復元するといったことも、もちろん大切なことではある。ただ、それ以上に、将来を先取りしようとしなくては、ものごとが退行してしまう。

久夛良木氏の先見

ただ、日本企業で唯一、コンピュテーショナル・デザインを取り入れていた人物がいる。ソニーのゲーム機「プレイステーション（ＰＳ）」を開発した久夛良木《くたらぎ》健氏（元ソニー副社長）だ。

久夛良木氏は、女性の長い髪がフワフワと風になびくようなリアルなゲームをつくりたいと思っていたという。ただ、当時はその世界観を実現してくれるような半導体がなかった。インテル製ＣＰＵは事務処理向けのプロセッサーで、まだ画像処理に強いＧＰＵもなく、ようやく「マルチコア」が出始めたころである。

そこで、まったく新しい構造を持つプロセッサー「Ｃｅｌｌ《セル》」を一から開発しようとするが、自社を含めてどの日本企業に依頼しても、久夛良木氏が求める機能の20分の1程度の性能のものしかできないといわれてしまう。

次世代機PS2でようやく、独自開発した半導体「エモーションエンジン」を搭載し、続くPS3でIBM・東芝とタッグを組んでCell Broadband Engineの搭載にこぎつける。

PSシリーズはヒットを続けたが、一方で「ゲームするだけなのに、オーバースペック過ぎる」と批判されることも多かったようだ。久夛良木氏は、つねに〝発売から2年後〟を想定し、そのときまでの半導体の性能向上によって動作が実現する前提で設計していたと語っている。

Cellは PSだけでなく、コンピュータや家電、携帯端末など幅広い製品に搭載されるはずだった。チップのサイズを小さくし、消費電力を減らすといった改良をほどこせば、おそらく実現可能だっただろう。

ただ、ソニーの業績が悪化していたことが災いし、十分な開発資金を回してもらえなかったといわれる。こうしたことが原因となり、結果的に久多良木氏の大構想は未達に終わったが、日本企業にもかつてはムーアの法則を経営に取り入れようとした人物がいたことは記憶にとどめておきたい。

図表3－6　GAFAの売上高推移（図表1－10再掲）

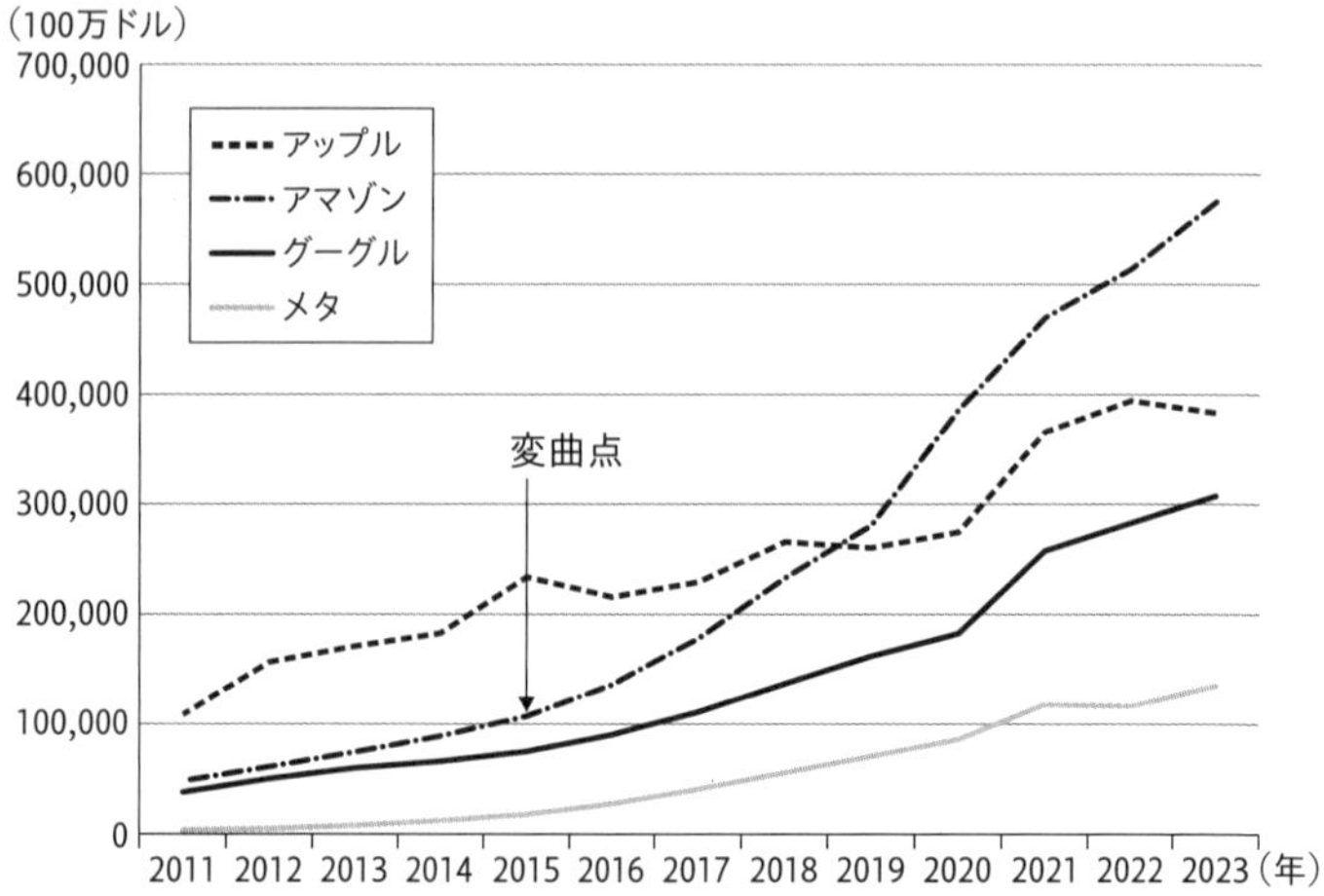

AIの登場でブースト

図表３－６は、ＧＡＦＡの売上高推移である（図表１－10再掲）。

２０１０年代までの平均成長率はおよそ28％で、ビットの生産性（ｂ）は資本生産性（ｒ）を軽々と超えていた。しかも、２０１５年ごろを境に、さらに傾きが急になり、平均34％の成長率をたたき出している。

ちなみに、営業利益率も２０１５年以降は平均24％という驚異的な数字となっている。つまり「ｇ＜ｒ＜ｂ」という式になっていたのである。

ビットの生産性の高さは、ＧＡＦＡの広告出稿費の伸びからもわかる。

図表3－7　世界の広告出稿費

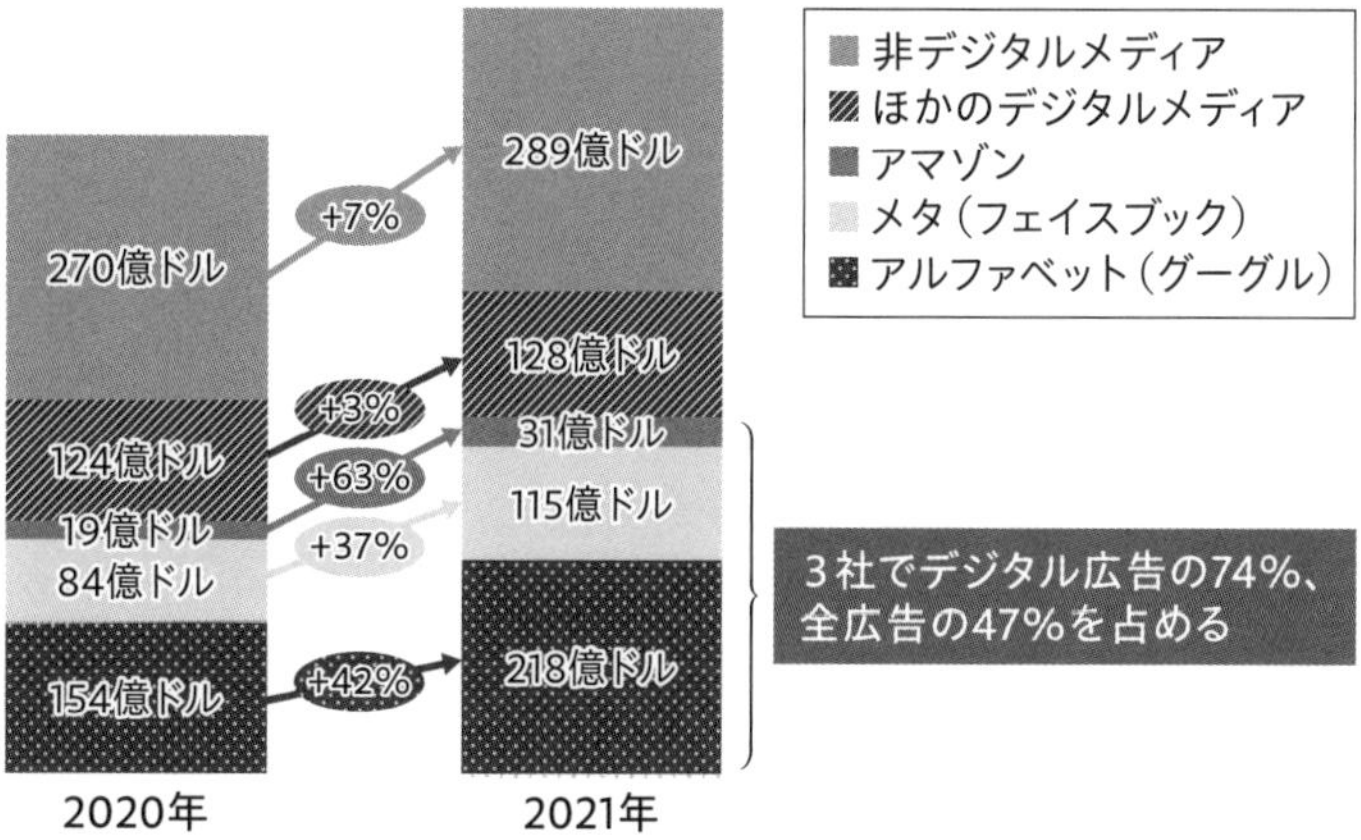

図表３－７は、世界の広告市場データである。２０２０年のアルファベット（グーグル）、メタ（フェイスブック）、アマゾンとそれ以外を足したデジタルメディアの合計は３８１億ドルと、総計６５１億ドルの約６割を占める。２０２１年にはデジタルメディアの合計は４９２億ドル、総計７８１億ドルまで伸びた。

注目すべきは、アルファベット、メタ、アマゾンの伸び率である。アルファベットは年率42％の伸び、メタが37％、アマゾンが63％となっている。これは、旧来のデジタルメディアの伸びが３％、非デジタルメディアの伸びが７％であることと比べると、驚異的な伸び率である。ＡＩを活用するだけでなく経営戦略に取り入れた企業は、年間30％から40％成長する可能性があるといっていい。

図表3－8　2019年の米国企業の大型IPO

会社名	業種	創業	IPO評価額
Lyft	ライドシェア配車サービス	2007年	240億ドル
PagerDuty	デジタル運用管理プラットフォーム	2009年	18億ドル
Zoom	ビデオ会議サービス	2011年	92億ドル
Pinterest	画像検索ブックマークサービス	2008年	100億ドル
Beyond Meat	代替肉	2009年	15億ドル
Uber	ライドシェア配車サービス	2009年	824億ドル
Fastly	コンテンツ配信ネットワーク	2011年	15億ドル
CrowdStrike Holdings	サイバーセキュリティー	2011年	66億ドル
Chewy	ペットフード	2011年	88億ドル
Slack	企業向けメッセージ&コミュニケーションプラットフォーム	2009年	157億ドル
Change Healthcare	ヘルスケアテクノロジー	2005年	15億ドル
The RealReal	ブランド品委託販売	2011年	17億ドル
Medallia	企業向けカスタマーエクスペリエンスソフトウエア	2011年	25億ドル
Livongo Health	デジタル・ヘルスマネージメント	2014年	25億ドル
Health Catalyst	医療機関向けデータ解析	2008年	13億ドル
Dynatrace	デジタルパフォーマンス管理	1993年	45億ドル
SmileDirectClub	歯列矯正	2013年	89億ドル
Cloudflare	コンテンツデリバリーサービスプロバイダー	2009年	44億ドル

（出所）三菱UFJフィナンシャル・グループ

毎年4割の成長を2年続けると1・4×1・4＝1・96となり、2年でおよそ2倍になる。まさに、ムーアの法則そのものではないか。

この時期の米国では、数々のベンチャー企業もビットの生産性を使うことで大きく成長した。

図表3－8は、2019年の米国のIPO（新規上場株式）市場をまとめたものである。この年に上場した企業のうち、およそ85％がAI企業で、そのうちのかなりの企業が2009年前後に起業している。まさにこれらはAI時代の到来を自らの事業戦略に取り込んで成功した企業である。おそらく、2007年以降のリーマンショック後、金融業界にいたITの専門家がレイオフされ、かなりの数がGAFAMに居場所を見つけたり、自ら起業したりした人も多かったのではないだろうか。

未来を決定づける「量子の生産性」

これまで見てきたように、生産性は次のような順序になっている。

「g＜r＜b」

しかし、ここにきてビットの生産性の伸びがゆるやかになっている。

第1章でも触れたが、半導体の微細化が進むにつれ、最先端半導体工場を1つ立ち上げるのに2兆円をはるかに超える設備投資が必要になり、さらに研究開発コスト、デバイスを製造する製造開発プロセスコスト、製造コスト……が日増しに肥大化している。得られるパフォーマンスが急激に上がらなければ、生産性は少しずつ下がらざるをえない。

もしどこかの会社が、2年で2倍でなく、1年で2倍以上の性能アップをめざして猛烈な投資をし、それによってパフォーマンスが急激に上昇すれば、話は違ってくる。ところが、ファウンドリーを含めて半導体のサプライチェーンはムーアの法則に合わせてしか投資せず、決して自分だけ抜け駆けすることはない。その共通認識があるからこそ、安心して投資ができる。つまり、いまの半導体業界とそのサプライチェーンは、いわば巨大なロードマップで管理された業界となっている。

しかし、ムーアの法測が示されてから半世紀以上が経ち、微細化も限界が見えてきている。理論上は、トランジスタが原子サイズになったときが限界だといわれている。しばらくはGAAや三次元実装でしのげるだろうが、それもいつまで続くかはわからない。

ビットの生産性はどこかで限界が来る。そこで、半導体とはまったく異なる考え方、ムーアの法則をはるかに超える何かが、加速器（アクセラレーター）として必要になってくる。

その加速器が量子である。

量子の世界は、これまでのビットの世界をはるかに超えるパフォーマンスを生み出す。量子技術を計算に使う量子コンピュータはもちろんのこと、量子技術を暗号に使えば量子暗号ができ、さらに量子の性質を利用したエネルギー革命、コミュニケーション革命、物流革命が起これば、生産性は劇的かつ飛躍的に向上する。

量子コンピュータにも、ムーアの法則に相当するものがある。Quantum Volume（量子ボリューム）という指標だ。驚くことに、量子ボリュームは、2年で2倍どころか「毎年倍増する」のだという。

半導体技術は性能を１００万倍向上させるのに40年かかったが、量子コンピュータでは15年弱で達成できるというから驚きだ。

量子の生産性をqとすれば、これからの世界では、次の不等式が成立することになる。

「g＜r＜b≪q」

理想的な量子の世界が実現するのは２０５０年ごろではないかと思うが、量子コンピュータについては２０２０年代後半には社会実装されるだろう。その試みはすでに始まっていて、日本でも国立研究所やＩＢＭなどの海外のイノベーター企業と協力して社会実装を前提とした技術開発が進められている。
量子については、第5章で詳しくお話ししたい。

第4章

半導体戦略がめざす「次世代計算基盤」

非ノイマン型半導体の衝撃

2016年ごろのことだったろうか。

あるとき、私はいつものようにIBMの幹部らと雑談していた。私がIBMと懇意にするようになったのは、JSRがArFレジストでIBMと共同研究を開始した2000年にさかのぼる。それ以来、いろいろな機会で意見交換を続けていた。

この日は、話題がムーアの法則に及んだ。私が「ムーアの法則は絶対にどこかで無理が来る。そうすると何か新しい技術が生まれるんじゃないかな?」と尋ねると、彼らから返

図表4－1　ニューロモルフィックの考え方

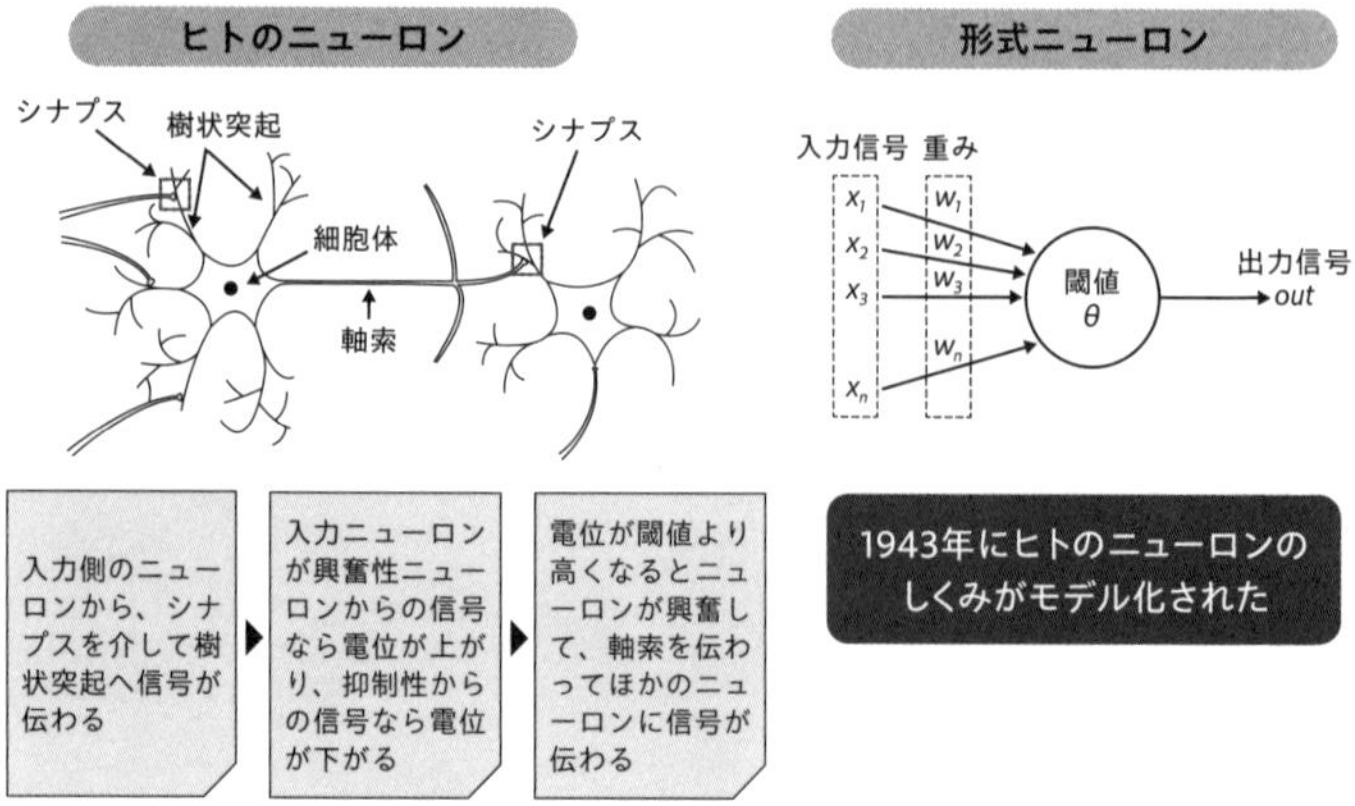

（出所）村上・泉田研究室「生体ニューロンについて」をもとに筆者作成

ってきたのは「脳を模したニューロモルフィック半導体と、量子コンピューティングだね」という答えだった。

脳を模す半導体？　夢のような話だったが、私はその言葉に強く興味を引かれ、その後もＩＢＭの動きを注視してきた。

7年後、彼らが語っていたアイデアが、ついに現実のものとなる。2023年8月、ＩＢＭはエッジ（端末）・コンピューティング（155ページ以降を参照）用の特別な半導体の構造を発表したのだ。

このニューロモルフィック（図表4－1）構造を持つ半導体は、従来の「ノイマン型」に対して「非ノイマン型」と呼ばれる。

ノイマン型は、メモリにデータを記憶し、そのデータをロジック半導体に移動させて処理し、処理したデータを再びメモリに移動させて保存する。つまり、データはメモリとロジック半導体の間のいわば水路（帯域）を行き来しなければならない。水路の幅を超える大量のデータを処理しようとすると、詰まってしまい、十分な性能が発揮されない。

これに対して、ＩＢＭの非ノイマン型デバイスは、ロジック半導体そのものにメモリが内蔵される。データの行き来によるロスがなくなり、より高速に情報を処理することが可能となる。ロジック１つひとつに小さなメモリを搭載している様子は、あたかも脳の神経回路で行われている電気的なふるまいを集積回路に応用したようだといわれている。

では、その非ノイマン型デバイスはどれくらい高性能なのだろうか。

ＩＢＭが開発した12ナノの非ノイマン型デバイスと、エヌビディア製７ナノのノイマン型デバイスを比較したデータがある。普通に考えると、12ナノと７ナノを比べれば、７ナノのほうに軍配が上がるはずだ。しかし、実際は12ナノ非ノイマン型デバイスのほうが４倍も高性能であることが実証されている。

もし、この非ノイマン型のデバイスを、ラピダスで製造できるようになればどうなるだろうか。期待がふくらむ。

計算需要の爆発

ＡＩは、すでにさまざまな分野で活用が進んでいる。さらに、生成ＡＩが登場し、テキスト、画像、動画、音楽、医療、チャットなどの分野で、従来のＡＩでは不可能とされてきた作業ができるようになった。

生成ＡＩの基礎技術が「基盤モデル」であることをご存じの方は多いだろう。大量かつさまざまなデータを読み込ませて事前学習させることで、高い汎用性を獲得したＡＩのことを指す（図表４－２）。

質問応答、画像分類、物体検出といったさまざまなタスクは、基盤モデルをファインチューニング（微調整）すればいいので、非常に効率的だ。

ＣｈａｔＧＰＴも、「ＧＰＴ－３・５」や「ＧＰＴ－４」といった言語に特化した基盤モデル、いわゆる大規模言語モデル（ＬＬＭ）を使用している。データの中でもとくにテキストデータを事前学習させ、文章生成、翻訳、穴埋め、質問応答などにめざましい成果を挙げている。

基盤モデルの性能は、データの量とサイズ、変数の質と量、訓練のきめ細かさなどによ

図表4－2　AIの基盤モデル

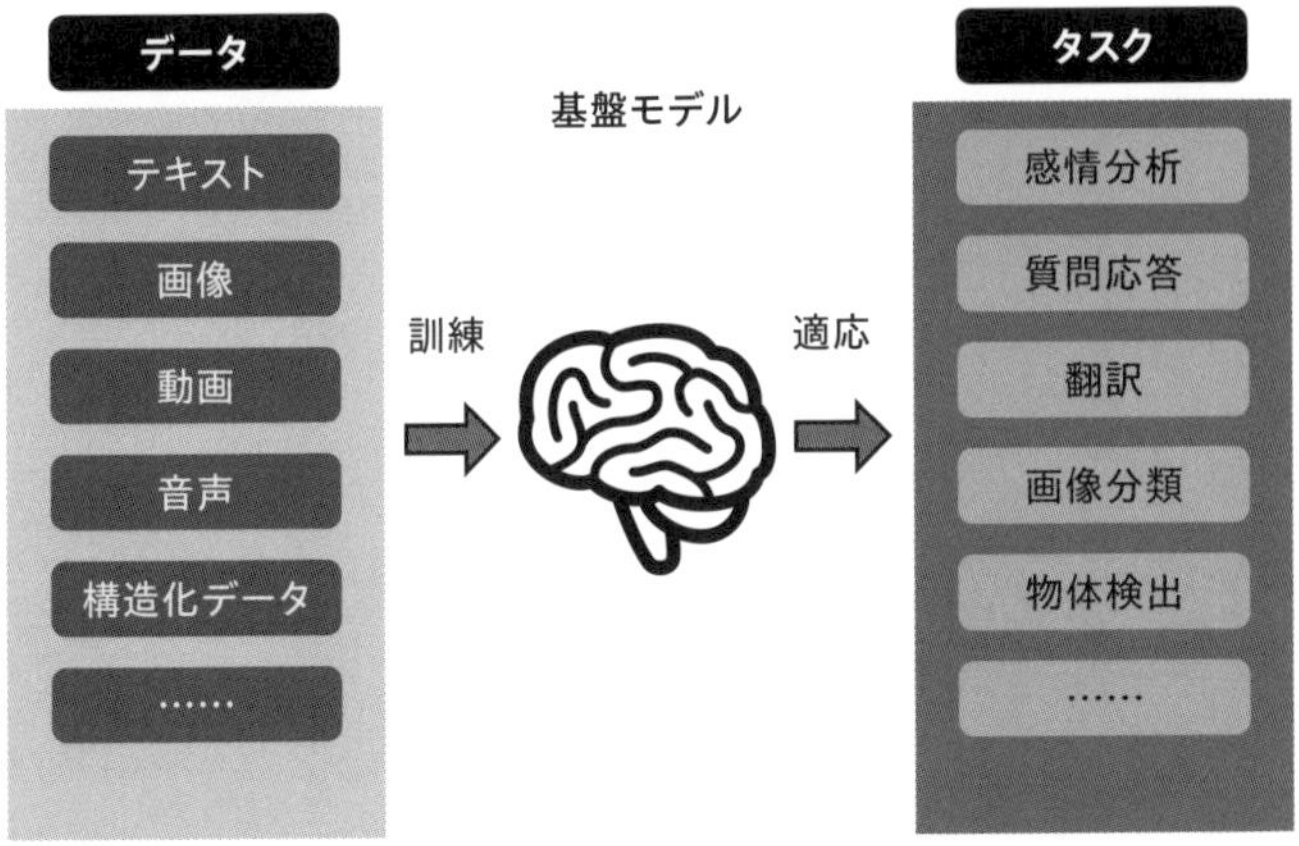

（出所）経済産業省資料をもとに筆者作成

って決まる。つまりは「量と規模こそ正義」の世界といえる。

生成ＡＩの開発企業は、基盤モデルを大規模化しようと激しい競争を繰り広げている。しかも今後、基盤モデルは、テキストと画像、動画と音声といった2つ以上の異なるデータから情報を収集し、それらを統合して処理する「マルチモーダル基盤モデル」に進化していく。

つまり、これからＡＩが発展していくにしたがって、これまでにない大量の計算需要が発生するのだ。

コンピュータの計算性能はフロップスという単位で表すと第1章でお話しした。メガフロップス（毎秒１００万回の計算能力）、ギガフロップス（毎秒10億回の計算能力）、テラフロップス（毎秒1兆回の計算能力）と進化してきた。

ところがその進化でも追いつけない問題がある。たとえば人手不足が喫緊の課題となっている輸送業界では、配送ルートの最適化問題というテーマがある。もし、発送先が30カ所ある場合、すべての配送ルートの組み合わせを単純に計算すると、2テラフロップスのコンピュータを使っても100京年以上かかるといわれている（1京は1兆の1万倍）。

こうした、現実的な時間ではとても解けない計算需要はほかにもたくさんある。

AIで1億枚の画像認識をしようとすると、およそ10ペタフロップスの性能がないと1日で学習が終わらない。

あるいは、ゲノム解析をしようとすれば、1億人当たり1エクサフロップス必要だという（エクサフロップスは毎秒10^{18}、100京回の計算能力）。

自動運転になるとさらなる性能が求められ、1000台当たり100エクサフロップスも必要となるのだ。

つまり、ありとあらゆる業界で、「何か」を「超高速」で計算しなければならない時代が来ている。

遠からず、エクサフロップスの1000倍、すなわち毎秒10^{21}、10垓《がい》回（垓は1京の1万倍）の計算能力を表すゼタフロップスの単位で計算能力が必要なサービスも登場してくるだろう。

MECの可能性

計算需要を拡大させる要因はほかにもある。これから爆発的普及が見込まれる「マルチ・アクセス・エッジ・コンピューティング（MEC）」だ。

MECには少々説明が必要だろう。

普段、私たちユーザーはパソコンやスマホといった端末でさまざまなインターネットサービスにアクセスしている。サービス側のサーバーはたいていクラウド上に設置されているため、どうしても端末とサーバーに距離が生じてしまう。それによる遅延はわずか数百ミリ秒程度だが、感覚的にはより大きな遅延に感じてイライラすることがある。自動運転や遠隔医療の場合、一瞬の遅延が致命的になることもある。

遅延の問題だけではない。

ChatGPTはさまざまな種類の大量のデータを学習（ラーニング）し、推論（インファレンス）を行っている。その学習にかかるパワーが巨大すぎて、推論に回せる余力があまりない。おそらく学習9：推論1という割合だろう（本書執筆時点）。ChatGP

図表4－3　エッジ・コンピューティング

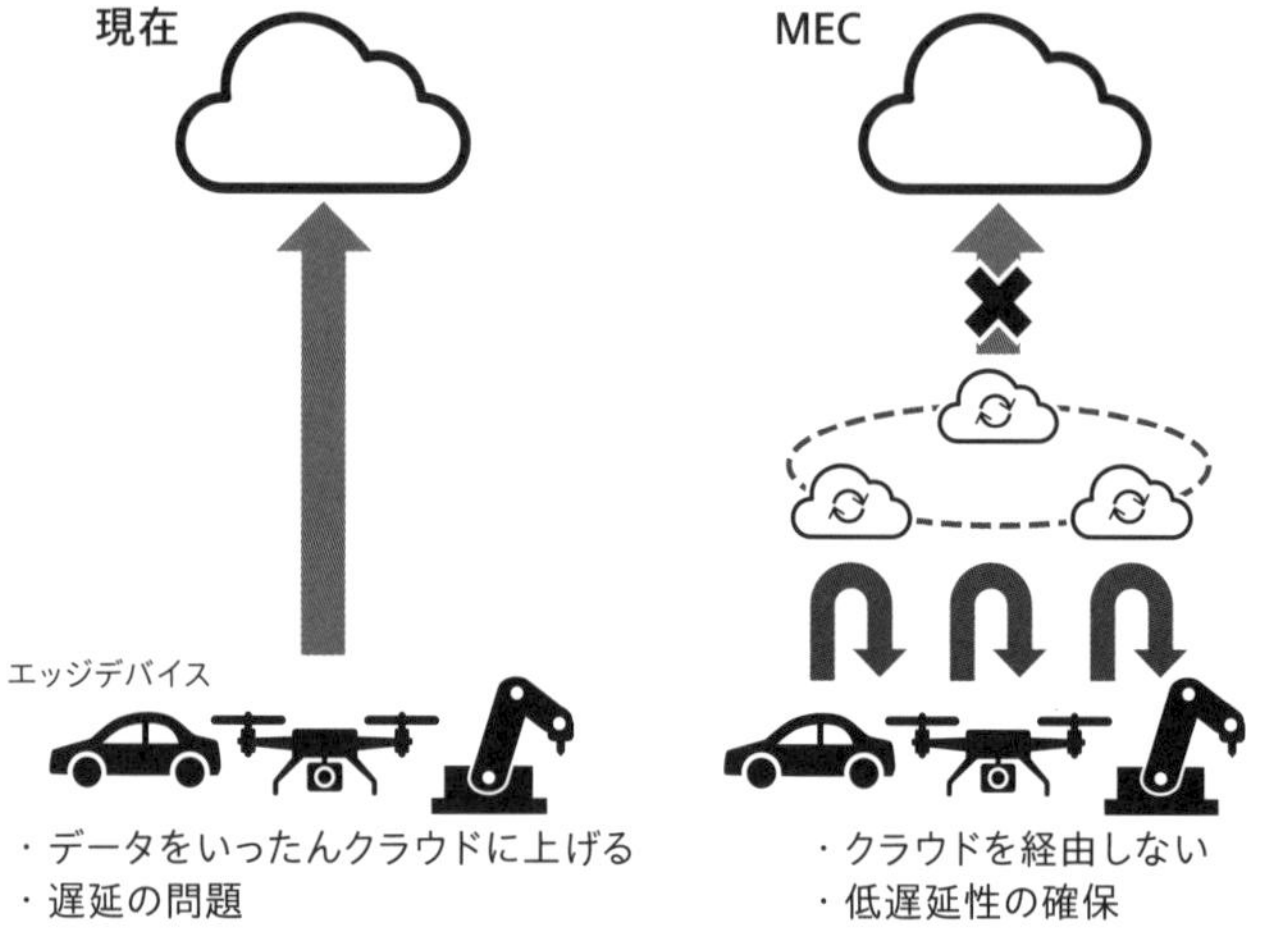

Ｔに使用制限があるのはそのためだ。有料会員はともかく、無料会員は使えるデータ量がかなりかぎられる。

そこで、すべての端末からのデータをクラウドに上げて処理するのではなく、端末に近い所、もしくは端末でデータ処理をしようとする試みがエッジ（端末）・コンピューティングだ。現状でも、社内ネットワークやローカル５Ｇで形成することができる（図表４－３）。

中でもＭＥＣはＥＴＳＩ（欧州電気通信標準化機構）が標準化を進めているエッジ・コンピューティングの規格で、スマホやＩｏＴ機器などモバイル端末をターゲットにしている。

ＭＥＣはクラウドを介さないため、次世代

通信網と組み合わせると遅延を数ミリ秒程度にまで抑えられる。ストレスなく情報処理できるようになるばかりか、複数のエッジに推論用の低消費電力のＡＩ半導体を搭載すると、推論に割けるデータ量が多くなるとともに消費電力も大きく下げられることになる。さらにローカルにセキュアな通信環境をつくるとサイバー攻撃にも強くなる。

生産現場も自動運転もスムーズに

ＭＥＣが実現する「超低遅延通信」は、あらゆる可能性を秘めている。

現代の製造現場では、ロボットと製造装置がインターネットにつながれている。リモートに設置されているサーバーのトラブルでラインがストップするのは、現場にとって最も怖いことの１つだ。もし、工場内にローカル５Ｇを構築し、生産ロボットやさまざまな機器とつなげればそうした心配はなくなる（図表４－４）。

ＭＥＣは自動運転でも威力を発揮する。

いまは、クルマにカメラセンサーを取りつけて、先行車との距離が詰まりすぎていないか、車幅が左右どちらかに寄りすぎていないかなどの判断を担っている。当たり前だがクルマはサーバーのような重いものを搭載できない。そのため、クラウド上でつねに計算し

図表4－4　MECが実現する世界

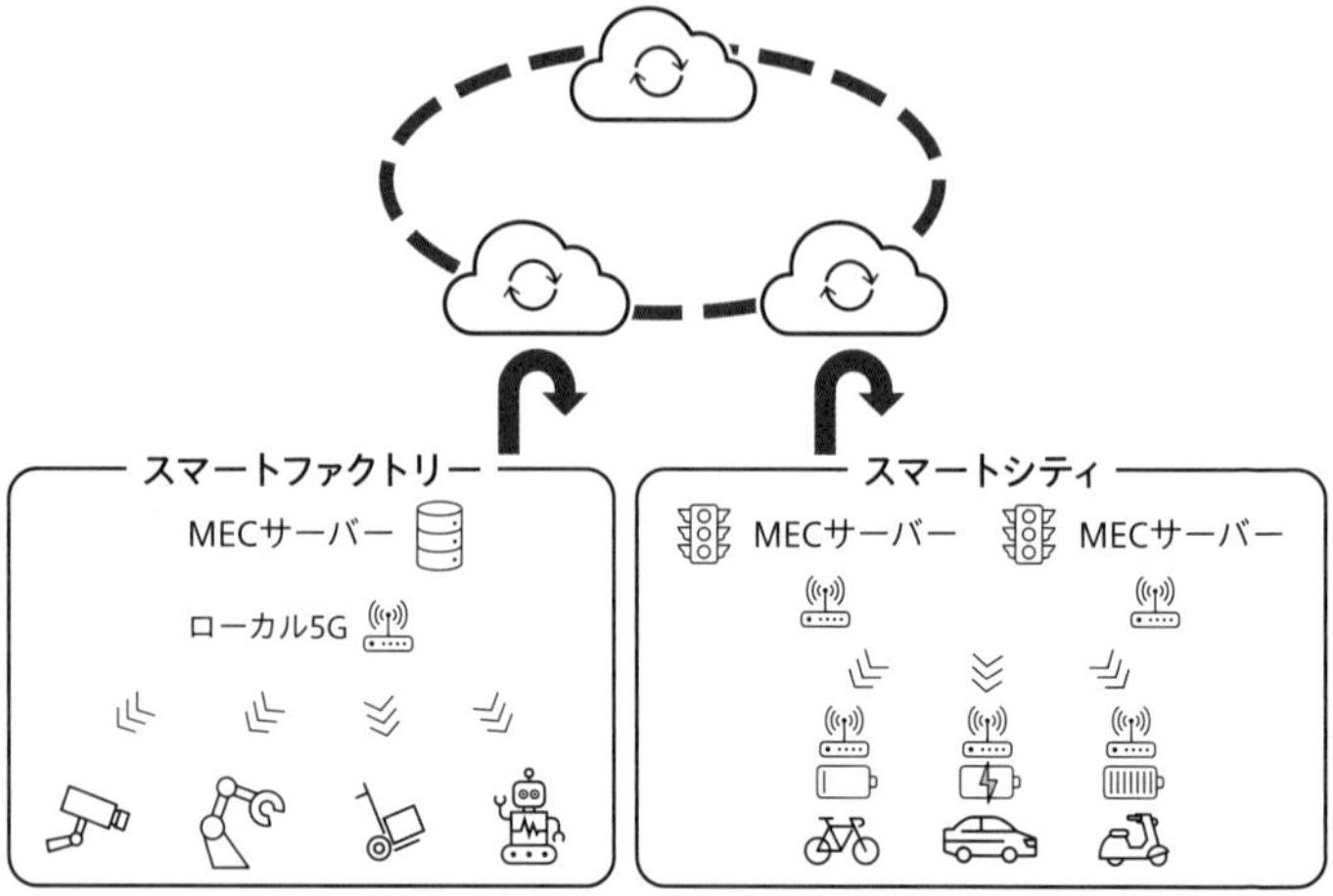

続けている。

　このような自動運転機能でバッテリーの半分近くを使ってしまい、航続距離が短くなったり、加速したいときにパワーが足りなかったりすることもあるようだ。

　信号機や高速道路のキロポストなどにＭＥＣを配置し、クルマが持つべきインテリジェンスをＭＥＣが担い、クルマはそれらと情報のやり取りをする形にすれば、クルマのエレクトロニクスへの負荷はかなり軽減される。ＭＥＣをカメラと一緒に高い場所に設置すれば、遠く離れた渋滞情報や事故情報といった情報を取り込み、クルマへフィードバックできる。

　ほかにも、今後考えられる計算需要は以下のようなものがある（経済産業省商務情報政

策局主宰　半導体・デジタル産業戦略検討会議による「半導体・デジタル産業戦略」より）。

・バイオ（分子動力学シミュレーションに対する強力な計算能力の提供等）
・安全保障（迎撃ミサイルの軌道計算の高速化）
・自然災害（超精密な気象予測）
・材料開発（電池・触媒等の開発期間の短縮）
・金融（リスク分析や資源投下の最適化等）
・モビリティ（完全自動運転）
・ものづくり（スマートファクトリー）
・物流（ドローン配送）

「計算基盤」の確立が必要だ

ここで1つの疑問が浮かび上がる。

ＡＩ、ＭＥＣ、その他の要因がもたらす膨大な計算需要には、果たしていまの半導体で対応しきれるのだろうか。

答えはおわかりだろう。指数関数的に増加していく需要増に、いまの半導体の進化のペースでは追いつかなくなる。

ＡＩでいえば、現状では資金力が豊富なＡＩビッグカンパニーがＧＰＵを買い集め、力任せに対応しているが、それもいつまで持つかわからない。

２ナノメートル以降の最先端ロジック半導体が必要なのは大前提として、さらにその先も、ＡＩやＭＥＣのさらなる進化についていける計算能力と資源を用意できるか。これが、国にとって必要不可欠なのである。

したがって、私は「次世代計算基盤」の確立が国の将来を決めると考える。

端的にいうなら、大規模データセンターであり、ＡＩインフラと、ＡＩインフラを活かすアルゴリズムがそれに当たる。

「生活基盤」や「社会基盤」という言葉はよく使うが、計算基盤というのは聞き慣れない方もいるかもしれない。基盤とは、ものごとの基礎となる事柄である。インフラでもあり公共財でもある。

今後は、いくら政治力や軍事力に秀でていても、確固たる計算基盤が整っていなければ国家としての体をなさない時代がやってくるのである。

巨大資本を持たない日本企業が自前の大規模データセンターやＡＩインフラを持てず、

図表4－5　次世代計算基盤の柱となる12の要素技術

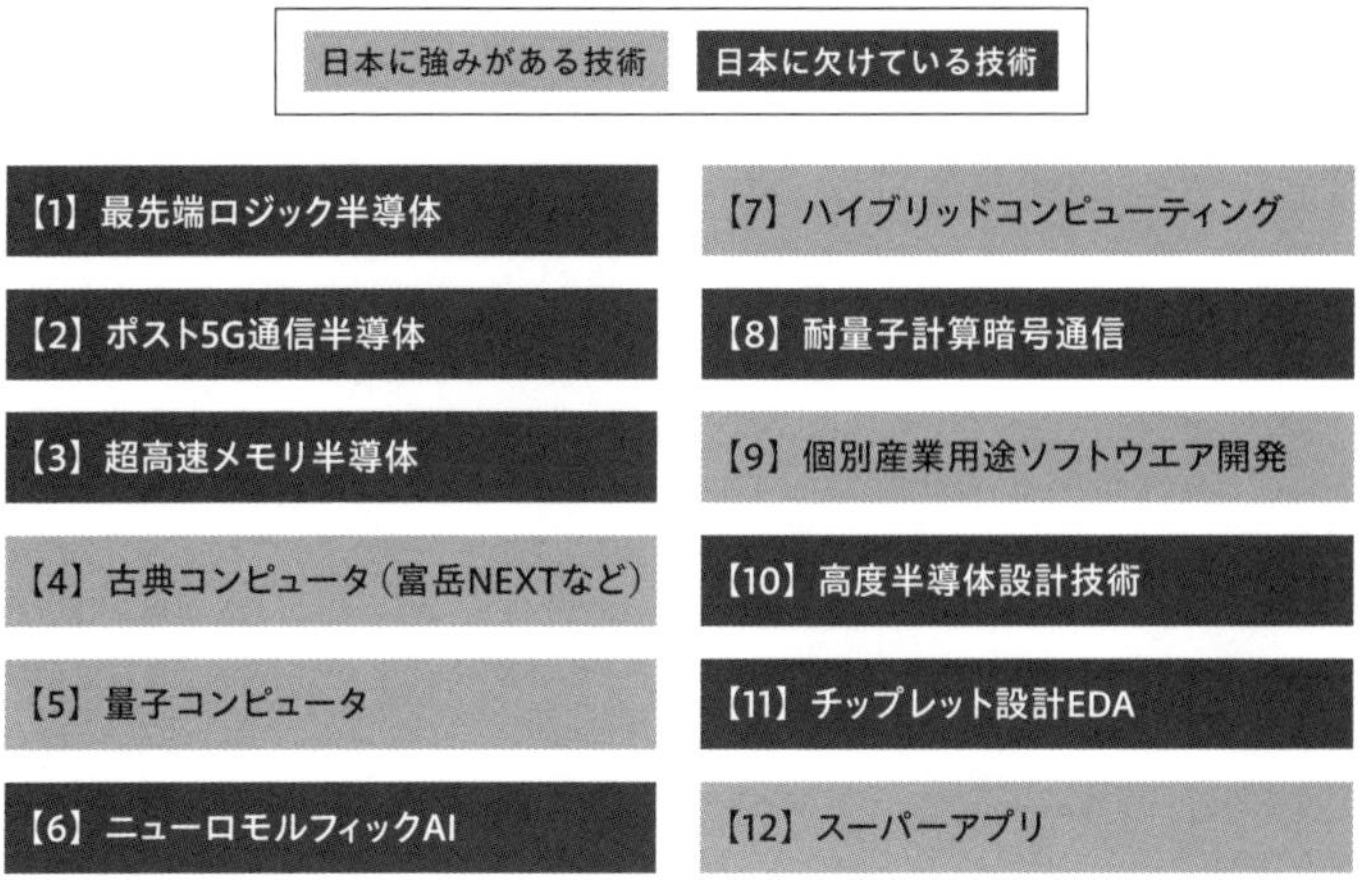

また他国の大規模データセンターやＡＩインフラに合理的なコストでアクセスできなくなる事態に陥ると、最先端技術の開発が遅れ、海外企業にまたもや後れを取ってしまう。

次世代計算基盤は、柱となる12の技術で構成される。

うち3つは半導体が占める。【1】最先端ロジック半導体、【2】ポスト5G通信半導体、そして【3】超高速メモリ半導体だ。

これらに【4】古典コンピュータ、【5】量子コンピュータ、【6】ニューロモルフィックＡＩが加わる。さらに、【7】ハイブリッドコンピューティング、【8】耐量子計算暗号通信、【9】個別産業用途ソフトウエア開発、【10】高度半導体設計技術、【11】チップレット設計ＥＤＡ、【12】スーパーアプリなどの6つの要素技術を加えてトータル12の要素技術となる。

一覧は図表4－5に列挙したが、その中で、日本に欠けている要素技術は黒い枠に白抜き文字で表している。

次世代計算基盤を支える12の柱

では次世代計算基盤を構成する要素技術について個別に説明していこう。

まずは【1】2ナノメートル以降の最先端ロジック半導体だ。これは絶対に必要になる。だからこそ、国は先端半導体の生産基盤を構築するために、ロジック半導体のTSMCを熊本に誘致し、四日市にあるフラッシュメモリのキオクシア・WD合弁会社に約2400億円の助成を行い、東広島のマイクロンが手がけるDRAMに約2000億円を助成した（執筆時点の投資）。そして次世代最先端半導体のラピダスにも助成し、盤石な基盤を築こうとしている。

次に重要な要素技術が、【2】ポスト5G通信半導体である。通信半導体とは、スマホ、Wi－Fi、ブルートゥースをはじめとするさまざまな通信機器に搭載され、電波や信号を送受信するための半導体だ。

図表4－6　メモリセントリック構造

■コンピューティングアーキテクチャ

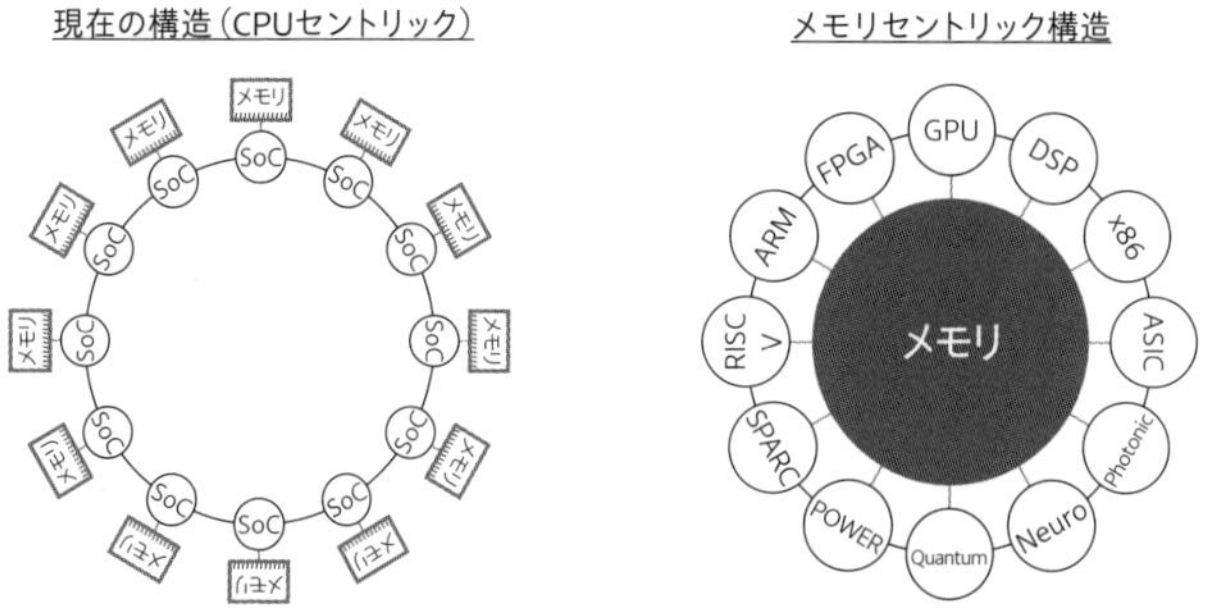

すべての処理がCPUを介して実行される
⇒CPUの処理性能に律速
データ転送が多く転送時の消費電力が大きい

メモリから周辺のプロセッサーに処理を割り当て
⇒CPUを介さないので処理が速い
データ転送が少なくて済む

（出所）経済産業省資料をもとに筆者作成

次世代ＩｏＴが本格化すると、ポスト５Ｇ用の通信用半導体の重要性はさらに増していく。なぜなら、次世代ＩｏＴの必須条件として「高速大容量」「高信頼低遅延」「サイバー攻撃耐性」が求められるからだ。

次世代計算基盤において、大量のデータ処理を高速かつ効率的に行うには、データの移動や記憶にかかる時間と消費電力を削減しなければならない。

このとき、従来のようなＣＰＵが中心となってメモリの入出力を行う「ＣＰＵセントリック」の構造では、高速かつ効率的な記憶の実現に限界がある。

そこで、メモリが中心となって機能する「メモリセントリック」という構造にすることで、時間と効率性の壁を越えられる可能性がある（図表4－6）。これが高容量で広帯域を持つ【3】超高速メモリ半導体だ。ただ、超高速メモリ半導体の開発は難しい。先端半導体技術を有する企業が取り組んでいるが、依然として実現には至っていない。日本では、東京大学などで研究開発が進められている。今後その動きに拍車をかけ、日本が新たな次世代超高速メモリを世界に先駆けて開発し、メモリセントリック構造で世界をリードする。その実現が、計算基盤の確保には欠かせないピースとなる。

すでに量子コンピュータは稼働済み

次に【4】古典コンピュータ（従来型コンピュータ）だ。理研で2021年3月から稼働している富士通のスーパーコンピュータ「富岳」は、計算基盤としていずれ物足りなくなる。そこで、理研を中心に富岳の後継機種「富岳NEXT」の開発に取り組んでいる。このプロジェクトの完成は、2030年ごろを見込んでいる。

そして【5】の量子コンピュータ。すでに、神奈川県川崎市にある「新川崎・創造のもり」内にある「かわさき新産業創造センター（KBIC）」に、IBM製の「IBM Quantum System One」が1台納入されている。理研や東大・慶應大の世界最先端の科学者たちが先を争うように使い、さまざまな計算を行っている。

加えて、英国のCambridge Quantum Computing（ケンブリッジ・クオンタム・コンピューティング）と米国のHoneywell Quantum Solutions（ハネウェル・クオンタム・ソリューションズ）の事業統合により誕生した量子コンピューティング企業Quantinuum（クオンティニュアム）が提供する量子コンピュータも遠からず日本に入ってくる。

これらを富岳とつなぐことで、量子コンピュータと古典コンピュータを組み合わせた【7】ハイブリッドコンピューティングの試みがすでに始まっている。

量子コンピュータの実用化が始まると必要になるのが【8】「耐量子計算暗号通信」だ。現在の古典コンピュータの世界では、素因数分解を利用した「RSA暗号」や、楕円曲線上の離散対数問題を利用した「楕円曲線暗号」などが使われているが、量子コンピュータは、これらをやすやすと破ると考えられている。その点、耐量子計算暗号は数学的な問題をベースに構築され、量子コンピュータでも破ることができないと期待されている。代表的なのは「格子暗号」方式である。

日本では、情報通信研究機構（NICT）と情報処理推進機構（IPA）が共同運営する暗号技術評価委員会が「CRYPTREC暗号技術ガイドライン（耐量子計算暗号）」を2023年4月に公開した。

米国では、国立標準技術研究所（ＮＩＳＴ）が耐量子計算暗号を公募し、２０２２年７月に４つの方式を標準化の候補とし、２０２４年までには標準化の仕様を公開するとしている。ほかにも、量子ビットを活用した真性乱数を新暗号プロトコルのシードに使う（クオンティニュアムのQuantum Origin）方法もある。

和製ファブレスの創設が必要

では、【6】ニューロモルフィックＡＩはどうだろうか。これは例の、脳を模した非ノイマン型デバイスをＡＩに利用したものである。パートナーであるＩＢＭが非ノイマン型デバイスの開発に成功したのは、日本にとっても朗報だ。

ただ、非ノイマン型デバイスはＡＩの推論部分で能力を発揮するとされており、学習部分については引き続きＧＰＵなどノイマン型のデバイスが使われることになる。すでにお話ししたように、エヌビディア製ＧＰＵは現在でも品薄であり、２０２６年には供給が限定される可能性が危惧されている。

そこで、代替デバイスの1つとして注目されるのが、第2章でもお話しした日本のプリファードネットワークスが開発している「ＭＮ‐Ｃｏｒｅ」だ。国産化でも、他国とのサプライチェーンを構築する形でも構わないが、ＭＮ－Ｃｏｒｅの実用化は大きな弾みとなるはずだ。

そうなると、ＭＮ－Ｃｏｒｅも含めて、最先端半導体を日本で設計できるようにならなければならない。遠からず、日本にも世界で戦えるファブレスの創設が必要となってくるだろう（【10】高度半導体設計技術）。日本にもソシオネクストに設計者はいる。富士通には富岳の半導体を設計している人たちがいる。半導体の設計ができる人材がいないわけではない。

同時に、半導体設計を自動化する【11】チップレット設計ＥＤＡ（Electronic Design Automation）も日本に欲しい。設計・製造支援ツールとしてはＣＡＤ（Computer Aided Design）をご存じの方も多いだろうが、ＥＤＡは、いってみれば電気系のＣＡＤであり、半導体設計の自動化を支援するソフトウエアやハードウエアを意味する。

ＥＤＡは米国の3社がほぼ寡占しており、これも例のデジタル赤字を膨らませる要素になっている。少しでも3社に食い込む国産ＥＤＡが望まれる。

ちなみにチップレットとは、従来のＩＣチップのように1枚の基板上に数十億個のトランジスタが搭載されている形式と異なり、チップレットという複数の小さなチップの部品を組み合わせる技術のことをいう。これによって、後工程の効率が格段に上がると期待されている。第2章で紹介した「異種チップ集積」のベースとなる技術である。

【9】個別産業用途ソフトウエア開発については現在、量子イノベーションイニシアティブ協議会（QII）で、産業界からIBMを含む20社、アカデミアから東大、慶應大、東京農工大、理研などが参加し、オープンイノベーションを意識した共同研究を始めている。具体的には、産業界が抱える課題の中で、古典コンピュータでは解けない、もしくは解くのに膨大な時間がかかるものについて、量子コンピュータを用いて解決しようとする取り組みだ。

最後は【12】スーパーアプリである。アップルはiPhoneを介したアプリ、グーグルはグーグル検索、マイクロソフトはLinkedInやChatGPT、そしてメタはフェイスブックやインスタグラムを介して、人々から毎分毎秒、生のデータを吸い上げている。そうした膨大なデータがあるからこそ、世界で70兆円といわれる広告市場や、30兆円といわれるゲーム市場で優位な地位を築いている。

日本にもLINEというスーパーアプリがある。LINEはアジアを含めてデータ収集力では世界に伍している。

このように、12の技術のうち、すでにあるもの、まだ欠けているものとばらつきはあるものの、以前に比べれば数は揃いつつある。

誰も取り残されない社会へ

こうした要素技術が花開いたとき、日本には少なくとも次の3つのことが社会実装されているだろう。

【1】国産の生成AI
【2】ビヨンド5G
【3】ブレインレスロボット

1つ目は【1】国産の生成AIだ。現状では、大規模言語モデルは圧倒的に海外勢から遅れている。ただ、国内で生成AI開発に取り組んでいる企業はいくつもある。

現在、国は基盤モデル開発企業を公募し、コンテスト方式で支援企業を絞り込むことで、効果的に開発を加速させようとしている。立候補しているのはさくらインターネット、NTT、ソフトバンク、プリファードネットワークス子会社のプリファードエレメンツなどだ。そのモデルの規模次第ではあるが、2024年内には複数の国産基盤モデルがリリースされているはずである。

もう1つが【2】ビヨンド5Gだ。5Gは現在のところ遅延が1ミリセカンド（1000分の1秒）程度といわれているが、いまのところ実装レベルでは10ミリセカンド（100分の1秒）程度までしか実現できていない。ビヨンド5Gは、遅延が1ミリセカンド以下を達成するといわれている。

この2つが社会実装されると、たとえば【3】のブレインレスロボットが社会実装されていくと思われる。

現在、自動運転車やロボットなどのローカルデバイスには頭脳（ブレイン）、つまりインテリジェンスが入っている。当然ながら、ローカルデバイスに乗せられるインテリジェンスの容量は小さいため、処理できることに限界があった。

ソニー「ａｉｂｏ」のような小型ロボットを大型ロボットである自動運転車と比較してみればよくわかることである。

そこで、ローカルデバイスからブレイン（インテリジェンス）を抜き取り、ＭＥＣ（ローカルサーバー）とも連携して、クラウドやローカルのエッジにインテリジェンスを移す。そうすることで、どんな大きさのロボットでも最高位のインテリジェンスを持つようになる。これがブレインレスロボットだ。

ブレインレスロボットがローカル5Gなどの超高速無線通信網につながり、生成AIが提供する自然言語を使って会話できるようになると、ロボットへのユーザー満足度が飛躍的に向上する。

さらに、ロボットの目にAIを組み込んだインテリジェントカメラセンサーを埋め込んでおくと、人間と会話するのとほとんど変わらない対話型ロボットになる。

どうだろう、高齢者や子どもの見守りにぴったりだとは思われないだろうか。日本ではすでに、aiboやパナソニック「NICOBO」など、さまざまな家庭用コミュニケーションロボットが市場に出回っている。超高齢社会においては今後、インテリジェンスが飛躍的に向上し、しかも手ごろな価格の対話型ロボットを「一家に一台」持つ時代になってもおかしくない。それは、誰も取り残されない包摂的社会の形成へとつながる。私はそんな姿をイメージしている。

ビッグピクチャーが必要だ

ただ、これまで説明してきたさまざまな要素技術を1つずつ積み上げていった結果として、ブレインレスロボットが活躍するような世界が実現するというのは、いささか帰納法的だと私は思う。

これからの日本に必要なのは、「いったいどのような国家や社会をつくりたいのか、そのためにはどんな技術が必要なのか」という演繹法的な発想ではないだろうか。

つまりは「ビッグピクチャー」が必要なのだ。

それには政官のリーダーシップが欠かせない。とくに、政治のリーダーシップは必須である。

私は、政府に助言を与える「技術インテリジェンス」をつくるべきだと考え、経済同友会時代からそう提言してきた。ヒントを得たのは、第1章でも少し触れた、米国のPCAST、つまり大統領科学技術諮問会議だ。大統領が任命するメンバーで構成され、サイエンス、テクノロジー、教育、イノベーションなどについて大統領に助言する役割を担っている。

そもそも、米国のテクノロジーを牽引しているのはエネルギー省（DOE）や国防総省（DOD）、国防高等研究計画局（DARPA）だが、産業政策機能を司る役所がない。日本の経済産業省に相当する組織がないのだ。代わりにその技術戦略の重要な機能を担っているのがPCASTなのである。

これもすでに触れたが、トランプ前大統領がコロナワクチンを猛スピードで開発できたのも、ＰＣＡＳＴの提言があったからだといわれている。

当時のことは、私もよく覚えている。

コロナの感染が拡大し、世界中の多くの人が〝巣ごもり〟しているさなか、私はたまたまある用事で、友人に連絡した。彼は米国を代表するテック企業の技術系幹部でありＰＣＡＳＴのメンバーでもある。

「いま、どうしてる？」

「米国中のスーパーコンピュータをすべてつなげている真っ最中だよ」

「それはすごいな。でも何のために？」

「企業や科学者に開放して、使ってもらうんだ」

「どうして？」

「ＣＯＶＩＤ‐19ワクチンをつくるためさ」

トランプ氏は２０２０年11月に「1年以内にワクチンを開発し、国民に供給する」と大風呂敷を広げた。無謀とも思われたが、通常73カ月かかるといわれる開発を14カ月に短縮し、有言実行した。

日本版ＰＣＡＳＴを創設せよ

日本が自粛ムード一辺倒だったそのときに、米国のスパコンはフル稼働して、ＣＯＶＩＤ－19の遺伝子解析を行っていたのである。膨大な解析データと計算資源が民間に提供され、その結果「メッセンジャーＲＮＡ」のワクチンが設計・製造された。

この事実は、２つの大事なことを教えてくれている。

１つは、国内に重厚な計算基盤が必要であること。

もう１つは、その計算基盤をよい方向によいタイミングで動かすための旗振り役が必要だということである。

日本には、ＰＣＡＳＴに相当する機能がない。

内閣総理大臣の諮問機関として「総合科学技術・イノベーション会議（ＣＳＴＩ）」が内閣府に設置されている。総合科学技術会議が前身で、２０１４年に改組された。しかし、これはほとんどが学者で構成されている。

あえていうなら岸田文雄総理大臣が任命する「サイエンスアドバイザー」という役職がある。すばらしい実績を持つ元大学教授がアドバイザーに就任しているが、席はたった１

つだけである。

わが国の国立研究所や民間企業が保有する高性能計算資源を活用し、その結果を社会課題の解決に結びつける。それは産業界にしかできない。すなわち、産業界を動かせるような組織でなければならない。

現状、経済産業大臣や文部科学大臣がそれぞれ主務大臣を務める新エネルギー・産業技術総合開発機構（ＮＥＤＯ）や科学技術振興機構（ＪＳＴ）は、予算権限を持っている。内閣府も予算権限を持っているが、その規模は小さい。

ましてや、経済安全保障は従来の科学技術開発のミッションとは異なる見地が必要となる。ＮＥＤＯやＪＳＴとは異なる知見や視点が必要だ。

ムーンショットを掲げよ

だからこそ、学者はもちろん、産業界に顔が利くような人材を含めた日本版ＰＣＡＳＴの設置を一日も早く検討すべきである。総理大臣の直轄にできなければ、せめて経済産業大臣の直轄でも構わない。また、学者にしても、科学だけではなく社会学、法律など関係する部門にはすべてかかわってもらったほうがいい。

万が一、新たな感染症が世界を襲ったとき、日本はコロナのときと同じように、ワクチンを海外からせっせと買うという失態を繰り返すのだろうか。

ＰＣＡＳＴは「大統領科学技術諮問会議」という名の通り、科学技術を主眼にしている。一方、日本版ＰＣＡＳＴは経済安全保障政策に主眼を置きつつ、いわゆるムーンショットを掲げるべきだと私は考えている。ムーンショットとは、かつてＮＡＳＡ（米国航空宇宙局）が「月にロケットを打ち上げる」とブチ上げた際、無謀だといわれながらも月面着陸を達成したことに由来する。つまり、非常に困難だが実現すれば多大なインパクトが期待できる目標のことをいう。

私が考えるムーンショットは３つある。

【1】デジタル黒字国を目指す

【2】食料やエネルギーのように、デジタルにも自給率という概念を導入し、「デジタル自給率」を引き上げる

【3】カーボンニュートラル（CN）、循環型経済（サーキュラーエコノミー、CE）の実現

図表４－７　次世代計算基盤が社会変革をもたらす

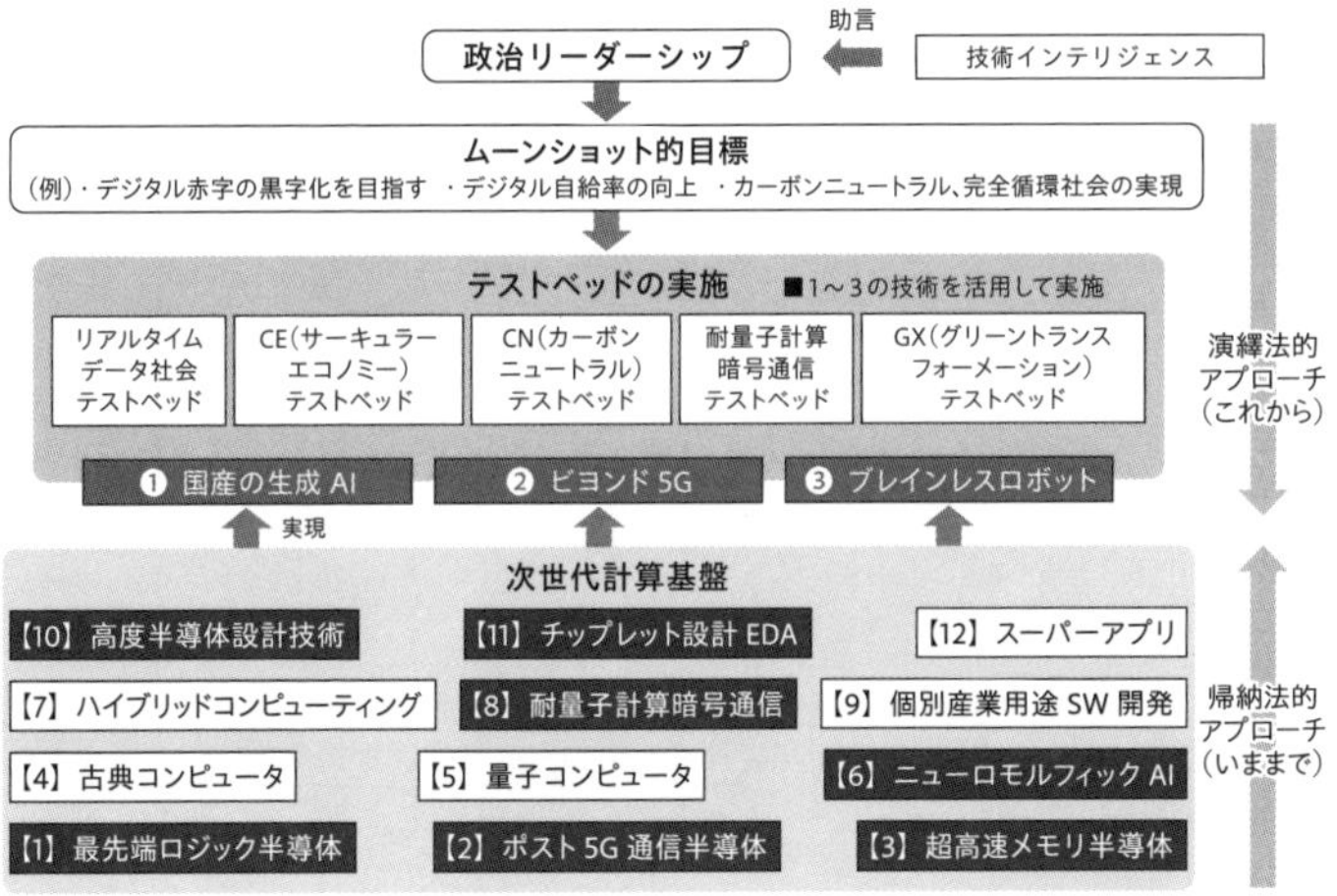

もちろん、単にムーンショットを掲げるだけでは、〝絵に描いた餅〟にすぎない。

そこで、テストベッド、つまり新たな技術を実証実験する場を日本版PCASTが用意し、どんどん試してもらうのだ。論より実践である。

具体的には、図表4－7にあるような、リアルタイムデータ社会テストベッド、CEテストベッド、CNテストベッド、耐量子計算暗号通信テストベッド、GX（グリーントランスフォーメーション）テストベッドなどが考えられると思う。

そんなに手当たりしだいに実証実験をして、コストばかりかかるのではないか、そう考える方もいるかもしれない。しかし、日本はテストベッドをしやすい環境にあることはあま

図表４－８　日本の面積当たりGDPは高い

●GDPの国際比較

		GDP*（単位：10億米ドル）	国土面積（単位：1000㎢）	GDP／国土面積
1	米国	22,997	9,833	2.34
2	中国	17,458	9,600	1.82
3	日本	4,937	378	13.06
4	ドイツ	4,225	357	11.83
5	英国	3,187	243	13.12
6	インド	3,041	3,287	0.93
7	フランス	2,935	544	5.40
8	イタリア	2,101	302	6.96
9	カナダ	1,990	9,985	0.20
10	韓国	1,798	100	17.98

*2021年のGDP

●面積当たりGDPの国際比較

		GDP／国土面積	GDP*（単位：10億米ドル）	国土面積（単位：1000㎢）
1	韓国	17.98	1,798	100
2	英国	13.12	3,187	243
3	日本	13.06	4,937	378
4	ドイツ	11.83	4,225	357
5	イタリア	6.96	2,101	302
6	フランス	5.40	2,935	544
7	米国	2.34	22,997	9,833
8	中国	1.82	17,458	9,600
9	インド	0.93	3,041	3,287
10	カナダ	0.20	1,990	9,985

*2021年のGDP

（注）1ドル＝135円で計算
（出所）横瀬久芳氏『面積あたりGDP世界1位のニッポン』（講談社）をもとに筆者作成

り知られていない。

日本は圧倒的に有利

図表4－8は、GDPおよび1㎡当たりのGDPを比較したデータだ。米国の2・34、中国の1・82に比べ、日本の13・06は突出して高い。韓国が17・98、表にはないがシンガポールはさらに高いが、これらの国とはGDPの規模が違う。

先日、日本のGDPが世界4位に落ちたことが大きく報じられたが、1㎡当たりで見ればまったく悲観するに当たらない。狭い国土で、これだけのGDP規模を誇る国はほかにない。要は経済密度が高いのだ。

国土の小ささは、テストベッドを実施するに当たり、きわめて効率がいい。

しかも、日本は首都圏の経済密度がきわめて高い。東京都が発表している「都民経済計算」の令和2年度の数字を見ると、都内総生産（名目）は109兆6000億円だという。神奈川、千葉、埼玉を入れた首都圏の合計は195兆円（グーグルの集計）となっている。一極集中によるデメリットの議論は別にして、テストベッドのことだけ考えれば、首都圏で実施するときのコストパフォーマンスはきわめて高くなる。

国土が広いと、気軽に実験しようという雰囲気にはならない。5Gの実装コストは世界で100兆円かかるといわれている。米国が30兆円、中国も20兆円と、日本の3兆円と比較するとケタ違いだ。日本は国土が狭いうえ、20世紀に構築したインフラがしっかりしているため、新しいインフラをつくるコストが安い。

新シンクタンクに必要なこと

質の高いテストベッドには、日本国内のみならず世界からの投資が集まってくる可能性も高い。そこから生まれた成果で、世界に先駆けてルールの標準化を推進する気運も高まってくるだろう。

日本は過去に、携帯電話で「ガラパゴス化」という苦い経験をしている。スペックは高いのに、世界標準になることができなかった。こうしたことを繰り返してはならない。そういう意味では、テストベッドは先に始めたもの勝ちだ。日本ももたもたしている暇はない。

仮にテストベッドに税金を投入したからといって、国内企業ばかり集めてテストしても意味がない。半導体政策で進めているように、参加に名乗りを上げてくれる海外企業に対して積極的に融資したり、支援し、テストベッドに参加を促すことでガラパゴス化を防ぐべきだ。

2022年5月18日に公布された「経済安全保障推進法」には、「技術インテリジェンス」というシンクタンクを設置すると定められた。現時点で中身は具体的にはなっていないため、これが日本版PCASTになるかはまだわからない。

PCASTは「大統領により延長されないかぎり、本大統領令の発令から2年で終了する」と明文化されているものの、実際には大統領の任期となる4年または8年（再選された場合）の間は継続されている。つまり、2年という規定にこだわらず、なるべく長期にわたり、一貫性を持って運営しようとしているのだ。

「技術インテリジェンス」も、一貫性が保てるかがポイントになるだろう。

新シンクタンクには、経済産業大臣、総務大臣、内閣官房長官、特命担当大臣などがかかわると思われるが、政治家はいろいろな理由で顔ぶれが変わる。そのたびに、新シンクタンクのメンバーも代わってしまうのは避けたいところだ。次世代計算基盤の構築といった中長期テーマについて、そのたびに方針も施策も変わってしまうようではきわめて心許ない。思い切ってシンクタンクにかかわるメンバーの任期を10年程度と長くするべきだ。

第5章 近未来を担う「量子」と半導体戦略

量子技術が開放されるとき

歴史を振り返れば、新たなテクノロジーは戦争や紛争によって発達する側面がある。敵に勝つために開発された技術が、軍事的危機が去ると「平和利用」の名のもと、民間に開放されるためだ。

第2次世界大戦後には、ミサイルの軌道を計算するために開発されたコンピュータや、原子力爆弾の中枢を担った原子力の技術が民間に開放された。

1991年のソビエト連邦崩壊後には、敵の情報や拠点の位置を丸裸にするために開発

図表5－1　量子とは

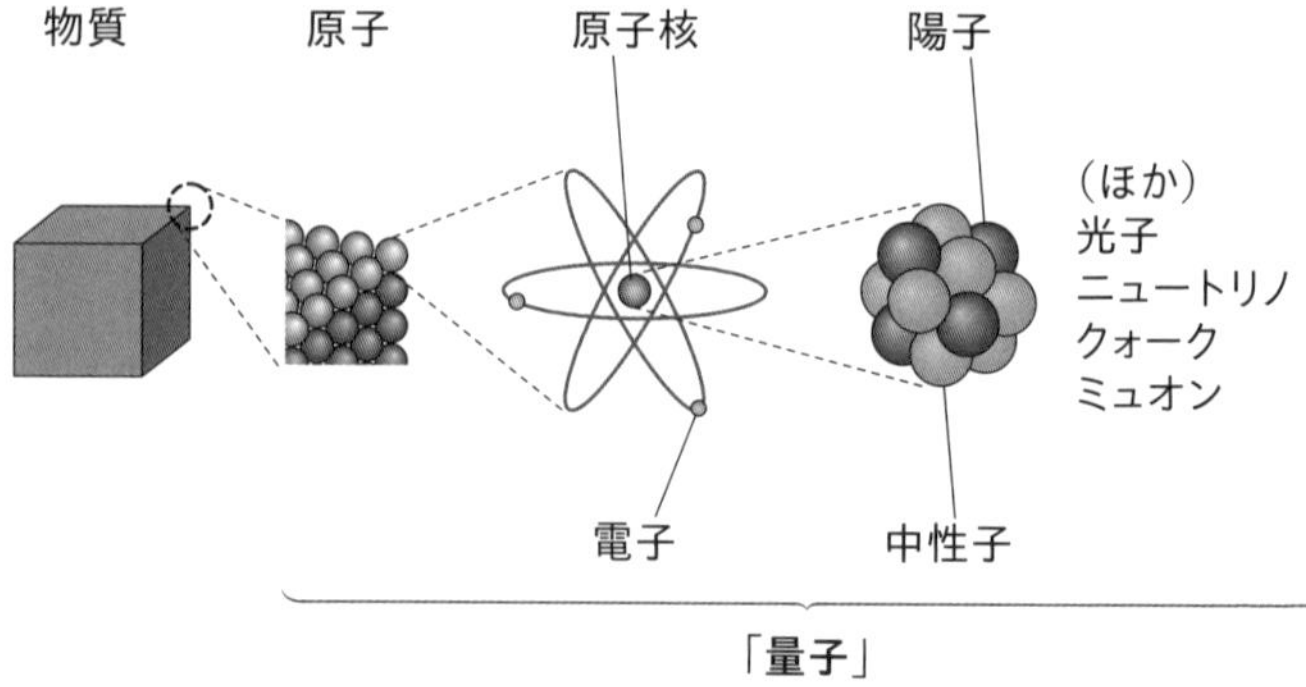

されたインターネットやGPSが民生用途に開放された。

そして現在、ウクライナ戦争や緊迫化する中東情勢など、世界は危機のさなかにある。この危機が終わったあとには、何が開放されるだろうか。

私は「量子技術」が、1つの候補になるだろうと考えている。

量子とは、きわめて小さい粒子の総称だ。たとえば油一滴をどんどん半分にしていくと、どこかでこれ以上小さくできない大きさになる。これを分子といい、とても小さいけれどまだ油の性質を持っている。

分子は原子で構成され、原子は電子、原子核で構成され、さらに原子核は中性子、陽子などで構成される。この、原子や電子、原子核、陽子、中性子などをまとめて量子と呼ぶ（図表5－1）。

原子は1億分の1センチメートル、中性子は10兆分の1センチメートル程度と、とにかく超ミクロの大きさしかないため、私たちが普段見ているものとは〝異世界〟の物理法則が働いている。

それが「量子重ね合わせ」と「量子もつれ」である。量子コンピュータは、こうした量子ならではの特性を使って計算を行う機械ということになる。

この量子重ね合わせという法則がとにかくすごい。

すでに紹介した通り、従来の古典コンピュータはあらゆる情報を0と1で表現している。たとえば「半導体（ハンドウタイ）」の「ハ」は、111000111000001110001111という24ケタの01で表される。これが「ハンドウタイ」と6文字になると、

ハ　111000111000001110001111
ン　111000111000001110110011
ド　111000111000001110001001
ウ　111000111000001010100110
タ　111000111000001010111111
イ　111000111000001010100100

図表5－2　量子コンピュータが超高速計算できるわけ

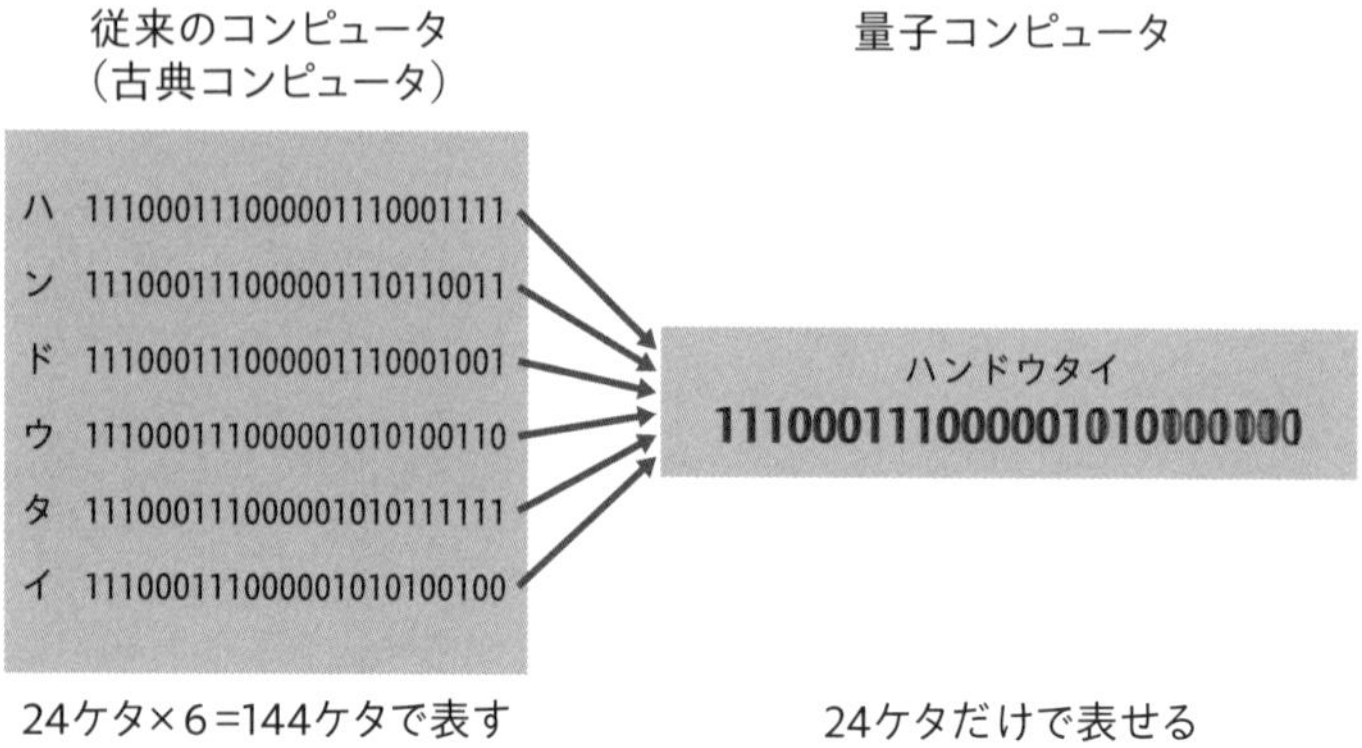

で、24×6＝144ケタになる。
ところが、量子コンピュータは0と1を同時に表現できるので、24ケタを一発で表せるのだ（図表5－2）。

一発で解が出る

別の例でも説明しよう。

2枚の10円玉を指ではじき、机の上でくるくる回っている状態を想像して欲しい。高速で回転する10円玉は、表（0）でもあり裏（1）でもある。つまり0と1が50％の確率で〝重なり合って〟いる。

ここで「2枚それぞれの裏表を当ててください」といわれたとしよう。あなたは、上から手のひらで10円玉ごと机を叩くように押さえつける。その瞬間、2枚の裏表が一挙に判明する。これが、量子コンピユータの〝一発で解が出る〟感覚だといえば、おわかりいただけるだろうか（物理学的に正確ではないことはお断りしておく）。

もし、同じようなゲームでも、「箱に入った10円玉２枚の表裏を当てる」という場合はどうだろう。あなたは、次の４通りの可能性を１つずつ考えていくことになる。

表・表
表・裏
裏・表
裏・裏

これが、従来のコンピュータが行っている計算方法だ。10円玉２枚なら2^2（２の２乗）で４パターン、10枚だったら、2^{10}（２の10乗）で１０２４パターン計算しなくてはならない。先ほどの量子の〝一発感〟とは雲泥の差だ。

さらに、量子コンピュータは「量子もつれ」という特性も使っているとお話しした。量子もつれの発見者は、２０２２年にノーベル物理学賞を受賞したので、ご存じの方も多いだろう。

これは一言でいえば、「量子もつれの関係にある2つの量子は、どんなに離れていてもお互いに影響し合う」という特性だ。一方が1の状態であれば、もう一方は1の状態、一方が0の状態であれば、もう一方も0の状態となる。

ということは、片方が決まるだけで、もう片方も確定してしまう。

ビットと量子ビットの圧倒的な違い

先ほどの例の10円玉を2枚回しているときに、「右の10円玉が表になったら、左の10円玉は表になる。右の10円玉が裏になったら、左の10円玉は裏になる」というもつれの条件を仕込んでおくとしよう。すると、表裏の出方は

表・表

裏・裏

の2通りだけになり、

図表5－3　4ビットと4量子ビットの違い

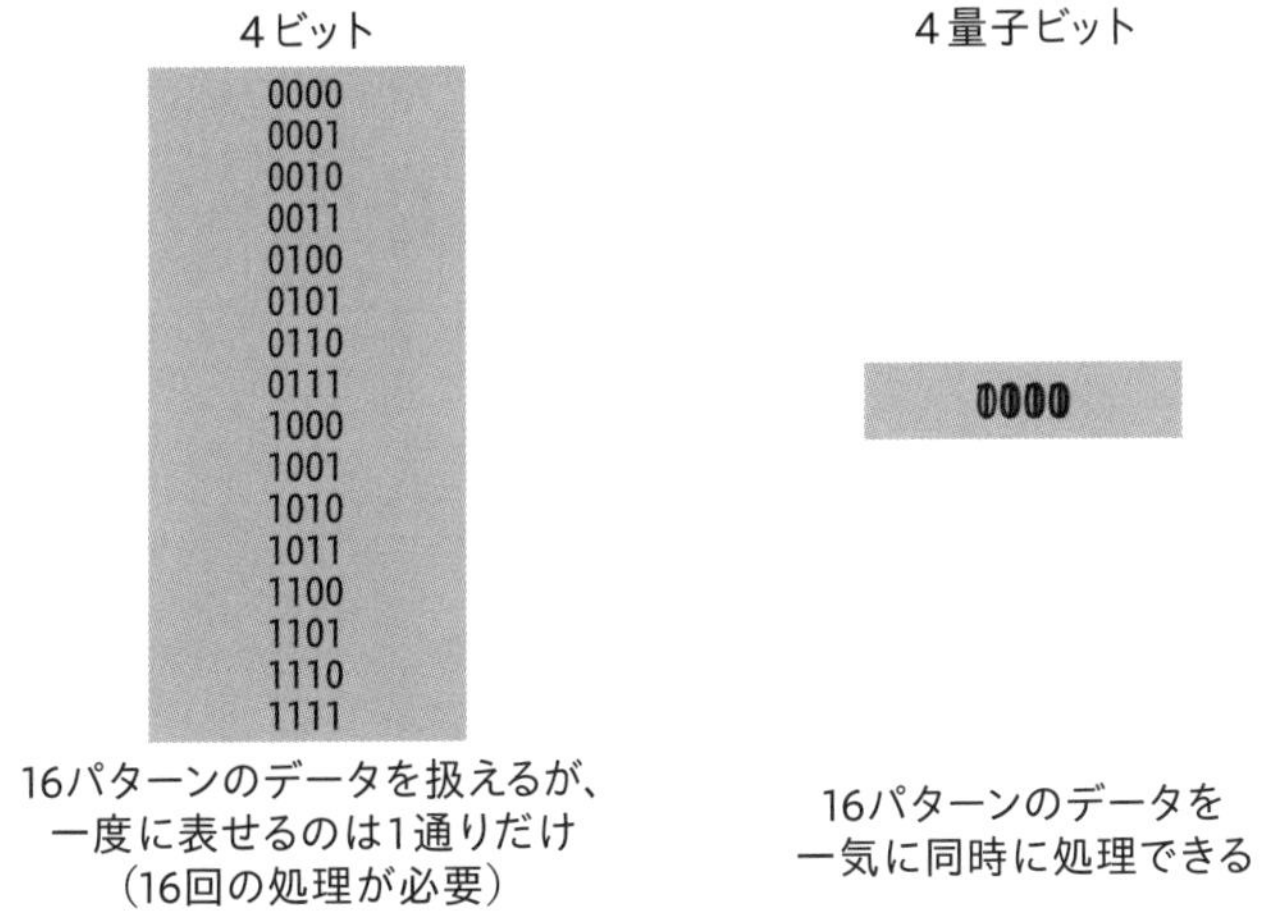

表・裏
裏・表

という組み合わせは起きないことになる。

物理学的には必ずしも正確な記述ではないが、計算はさらに効率的になることが感覚的に理解できると思う。

第3章でお話しした通り、従来のコンピュータで一度に扱えるデータのサイズ（計算単位、情報の最小単位）はビットで表された。たとえば4ビットなら、0000、0001……1111まで16パターンのデータを扱えるが、一度に表せる（処理できる）のは1101、1110など、あくまで1通りだけなので、16回の計算が必要になる。

一方、量子コンピュータはビットに相当す

るものは、「量子ビット」と呼ばれ、やはり量子ビット数が大きいほど計算能力が高い。

1つの量子ビットがあれば2通りの状態を同時に表せる（n個につき「2のn乗」の重ね合わせができる）ので、4量子ビットあれば、0000から1111までの16パターンを同時に表せる（処理できる）（図表5－3）。10量子ビットなら1024通り、50量子ビットなら1125兆以上を一度に扱えることになる。

1万年かかる計算が数分で

グーグルが2014年に最初に発表した量子コンピュータは5量子ビットだった。そのわずか4年後の2019年10月23日には、やはりグーグルの54量子ビットプロセッサー「シカモア」が、世界最高速のスーパーコンピュータで1万年かかる計算をわずか200秒で解いた。これを実証した論文が『ネイチャー』誌に掲載された。

量子コンピュータが古典コンピュータでは実現できない能力を持つという「量子超越性」が実証されたのだ。この時期から、IBMやマイクロソフト、ハネウェルやIonQなど、さまざまな会社が開発を加速させる。

2023年3月には、理研が国産初の多量子ビットの量子コンピュータ初号機「叡《えい》」を

図表5－4　量子コンピュータの種類

方式	超電導	イオントラップ	冷却原子	半導体	光
使用する量子	電子	イオン（電気を帯びた原子）	原子	電子	光子
特徴	いち早く商用化	精度が高い	量子ビット数が多い	商用化に期待	常温で稼働

発表し、大きな話題をさらったのを覚えている方も多いだろう。叡は64量子ビットだ。

ＩＢＭはすでに433量子ビットを搭載した「Ｏｓｐｒｅｙ（オスプレイ）」を公開しており、1121量子ビットの次号機も控えている。

一説によると、理想的な280量子ビットで計算されるパターンは、宇宙に存在するすべての原子の個数に相当するという。

先ほど、原子や電子、中性子、陽子などをすべて量子と呼ぶとお話ししたが、そのため、使う量子の種類によって量子コンピュータの方式もわかれる（図表5－4）。商用化で先行しているのは超電導方式だ。イオントラップ方式は精度が高いといわれている。光方式は、中国が2020年に量子超越性を達成したと発表して話題になった。現在はカナダのＤ－Ｗａｖｅ Ｓｙｓｔｅｍｓ社が保有するものが5～6台ほど稼働しているといわれる。

本書の執筆時点では、超電導方式の量子コンピュータは世界に約20台存在する。日本に2台、ドイツに1台、それ以外はすべて

図表5－5　川崎の量子コンピュータ

米国にある。日本の2台というのが、川崎市にあるＩＢＭ製の「IBM Quantum System One『ibm_kawasaki』（カワサキ）」と理研の「叡」だ。

国内でもようやく盛り上がってきた

先端半導体と同じように、ほんの数年前までは、日本の量子コンピュータへの関心は薄かったと思う。米国では２０１８年に「国家量子イニシアチブ法」が成立し、5年間で約13億ドルの予算がついたが、まだまだ海の向こうの話という雰囲気だった。

２０１９年ごろ、内閣府における審議会で私が量子の話題を持ち出すと、あちこちから反論が出たことを覚えている。

「小柴さん、量子コンピュータなんて、2040年、2050年までできないでしょう？」
「とんでもない。量子コンピュータは日本で生まれたものじゃないですか。日本は世界をリードできるはずですよ」

超電導状態で人工的な量子重ね合わせをつくるのに成功したのは、ほかでもない、NECの中村泰信氏（現・理研量子コンピュータ研究センター長）ではないか……。

どうにかして量子の重要性をわかってもらいたいと、当時は東京大学総長だった五神真氏（現・理研理事長、LSTCアカデミア代表）に、「ご説明する時間をいただきたい」とかけあったこともある。

約束の時刻にうかがうと、部屋には、量子物理学の専門家が6人ほどいただろうか。最高学府の先生たちを前にして、素人の私が「あなたたちは遅れている」とぶったのだから、いま考えると冷や汗ものである（先生方には大変失礼なことをしたと思っている）。

ケンブリッジ大学からスピンアウトした量子ベンチャー企業のCEOであるイリアス・カーン氏を五神氏たちにご紹介し、量子コンピュータの現実味を説明したこともある。

その後、IBMが量子コンピュータ開発のロードマップを公開し、グーグルが量子超越性を発表すると、日本の雰囲気はがらっと変わった。その後、2021年から川崎でカワサキが稼働し、2023年に国産初号機「叡」公開と、しだいに盛り上がってきている。

日本は有利な立場にいる

カワサキは現在もフル回転している。理研の科学者たちをはじめ、さまざまな企業の研究者たちが〝使い倒して〟おり、さらには大学生や大学院生の教育にも使われ、稼働率はかなり高い。

日本の優秀な科学者のおかげで、ドイツの同じ超電導方式コンピュータが設置された拠点に比べて日本のパフォーマンスは圧倒的に優れているという。日本人の数学や物理学の能力は、依然として世界に誇るレベルにある。ＩＢＭとしても、量子コンピュータの能力を最大限引き出してくれる日本との連携に満足しているはずだ。

しかも最近カワサキは従来の27量子ビットから１２７量子ビットにアップグレードされた。これは、現時点での世界最高性能に近い。

量子コンピュータを使う機会のある人は、世界中でほんの一握りしかいない。日本はいま、量子コンピューティングを日本に根付かせる意味でも、「量子人材」を育てる意味でも、非常に優位な立場にいる。数年前の冷めた雰囲気とは大違いだ。

日本にはもう1台、イオントラップ方式の量子コンピュータが導入される予定だ。

理研では、量子コンピュータと古典コンピュータを組み合わせた「ハイブリッドコンピューティング」の試みも始まっている。

量子コンピュータは開発途上であり、まだ完全にコントロールできないため、計算の過程でエラーが出るのは避けられない。たとえば50量子ビットの量子コンピュータで合計1000ステップの計算をしたら、約63％の確率でエラーが起き、正しい答えが得られない（本書執筆時点）。そのため、「ノイズ（雑音）混じり」だということでＮＩＳＱ《ニスク》（Noisy Intermediate-Scale Quantum computer：ノイズが混じった小・中規模の量子コンピュータ）と称されている。

計算中に生じるエラーを訂正しながら正しい結果を得るには、1万～100万量子ビットを集積する必要があると見られている。先ほど紹介したＩＢＭのオスプレイの次号機でも1121量子ビットだから、まだまだ先は長い。

一方、従来のコンピュータはつねに訂正が行われており、正しい計算結果を出している。そこで、両方を一緒に回して、量子コンピュータのエラーが大きくなる前、またはエラーが出る前に、古典コンピュータにエラーミティゲーション（エラーの低減）をさせようというわけだ。

その際に用いる古典コンピュータも、2ナノ以上の半導体を搭載する必要はある。量子コンピュータはきわめて大量かつ猛スピードでデータを吐き出してくるので、エラーの修正を引き受けるほうも同じ水準のコンピューテーションパワーが求められるのだ。

量子コンピュータにとって最先端半導体はなくてはならない相棒であり、最先端半導体とその製造・開発インフラは2030年以降も国家の重要な社会基盤であり続ける。

量子コンピュータは国産化できる

私はかつて、IBMのAIコンピュータ「ワトソン」の中に入ったことがある。ものすごく暑くて、しかもうるさかった。

ワトソンを含め、従来のコンピュータは非常に電気を食う。「富岳」クラスのスパコンになると、たった1台で一般家庭7万世帯以上に相当する電力を消費するといわれる。計算機を高速で回すため半導体が発熱し、それを冷却するためのファンがつねにフル稼働するからだ。

量子コンピュータの設備は、まったく逆だ。カワサキは、少しポンプの音がするほかはひたすら静かで涼しかった。

超電導は、物質を冷やしたときに電気抵抗がゼロになる現象で、量子に影響するノイズを減らせる。そのため、内部を「絶対零度」と呼ばれるマイナス273・15℃まで冷却している。その冷たさが、より静かに感じさせるのかもしれない。

量子コンピュータは（理論上）一瞬で答えが出せるので、演算部位では熱がほとんど出ない。そのため、冷却ファンも必要ない。将来的には同等レベルのスパコンと比較して、5分の1から7分の1の消費電力で済むともいわれている。

この省エネ性の高さも、量子コンピュータの魅力となっている。今後、回路が集積化されていくにつれ、消費電力はさらに減っていくだろう。

量子コンピュータの省エネ化については、日本の貢献も期待される。カワサキは現在、海外製の希釈冷凍機を使っているが、将来的にはこれを国産の冷凍機に切り替えられるに違いない。

カワサキにはすでに日本製の部品が数多く搭載されている。高周波をコントロールする部品や、高周波や光を移送する高品質のファイバーなどは、日本の中小企業が製造しているものも多い。

これに、いまお話しした冷凍機や、あるいは機械全体を覆うガラスなどが日本でつくれるようになれば、そう遠くないうちに、量子コンピュータの周辺技術全体のサプライチェーンが日本で構築できるのではないだろうか。

あまり知られていないが、絶対零度におけるエレクトロニクスの制御の分野では、日本の産業技術総合研究所（産総研、ＡＩＳＴ）がめっぽう強い。量子を絶対零度に近いところでコントロールする技術の特許を握っているだけではなく、絶対零度に近い環境での計測技術に優れており、海外からも注目を浴びている。

そう考えていくと、ゆくゆくは、量子コンピュータそのものを日本で製造できる可能性は十分あるはずだ。

自然や宇宙の「謎」の解明に近づく

メイド・イン・ジャパンの量子コンピュータが世界を席巻すると考えるだけでわくわくする。久しく生まれなかった新しい産業が、日本に生まれる可能性があるのだ。

かつて、移動式電話は肩掛けサイズだったが、徐々に小さくなり、手のひらに収まるサイズになった。量子コンピュータは、いままさに「肩掛け電話」のような状態にある。カワサキも3メートルくらいの高さがある。

小型化は日本のいわばお家芸だ。日本の技術者たちにかかれば、たちまち小さくしてしまうだろう。

ここまで、量子コンピュータがケタ違いの速さと規模の計算を可能にすることをお話ししてきた。このずば抜けた能力をもってすれば、さまざまなことができるようになる。たとえば、さまざまな物質について電子レベルで計算することで（材料計算）、まったく新しい医薬品や、より高性能なバッテリーなどが開発される。組み合わせ最適化を計算することで（最適化計算）、交通渋滞を解消したり、最適な株式を組み合わせたファンドを組成したりすることもできるだろう。

ただこれは序の口だ。量子コンピュータは、それこそ２０４０年には私たちの住む世界のさまざまな謎――植物の謎、動物の不思議……果ては宇宙の謎さえ解明してくれるかもしれないのだ。量子コンピュータは自然界をのぞくことができる新しい顕微鏡のようなものだ。

なぜ裏庭の竹が一晩で1メートルも伸びるのか？

なぜ渡り鳥は小さい体であれだけの長距離を間違えずに飛んでこられるのか？

なぜ人間の脳はわずかな電力（20ワットといわれる）で、これだけ複雑な処理ができるのだろうか？

自然界の動物、植物、微生物には〝量子系〟――たとえば、最先端の化学でも作れないものを自然界の温度域で作ってしまうようなこと――が存在しているのではないかと考えられている。ただ、従来のコンピュータでは、あらゆるデータは0と1の形に落とし込んで入力しなければならない。研究者に聞くと、複雑な自然の状態をデータ化しようとすると0と1では表現できず、しかたなく近似値を入力するため、精度が犠牲になることがあるという。

その点、量子コンピュータでは、量子情報（自然界の状態）を量子状態（デジタル化して量子状態を壊すことなく、そのまま存在・保存されている状態）のまま扱い、計算できる。そのことが、謎や不思議の解明につながるのではないかと考えられているのだ。もちろん従来のコンピュータが得意な領域は今後も残る。

量子で「第3次産業革命」が起こる

量子のインパクトはそれだけにとどまらない。私は、量子コンピュータが社会実装された段階で、「第3次産業革命」が起こると考えている。

2005年11月から2021年12月まで、4期16年の任期にわたってドイツのメルケル首相のアドバイザーを務めた文明評論家ジェレミー・リフキンは、『THE ZERO MARGINAL COST SOCIETY』（日本語訳『限界費用ゼロ社会』NHK出版）でこう指摘

図表5－6　産業革命の3つの要素

❶ 動力源（エネルギー）

❷ 通信手段（コミュニケーション）

❸ 輸送手段（物流）

（出所）ジェレミー・リフキン『限界費用ゼロ社会』

している。

「コミュニケーションの手段と、エネルギー源と、何らかの移動手段がなければ、社会は機能しなくなる」

コミュニケーションがなければ経済活動を管理できないし、エネルギーがなければ、情報を生み出すことも、輸送手段に動力を提供することもできない。輸送手段がなければ経済活動も動かない。

そして、この3つ（①動力源、②通信手段、③輸送手段）が大きく変化したとき、社会は根本的に変革されることになる。それこそが、産業革命だというのだ（図表5－6）。

18世紀後半に英国で始まった第1次産業革命では、石炭を燃料とする蒸気機関が発明された。①動力源、つまりエネルギーの革命である。同時に、蒸気機関で稼働する印刷機が生み出され、新聞や書籍などによって情報が広範囲かつ瞬時に行き渡るようになった。これが②通信手段、すなわちコミュニケーションの革命だ。さらに時速60マイル（約100キロメートル）で走る蒸気機関車によって、人間や貨物の移動スピードが劇的に上がった。これが③輸送手段、つまり物流の革命である。

19世紀後半に欧米で起こった第2次産業革命はどうだろう。石油の発見により内燃機関が発明された（①）。内燃機関は発電能力を劇的に変え、電気で動く工場の登場で生産性が大幅に上がった。同時に、音声を電気信号に変えて送る「電話」が発明され、通信手段はさらにリアルタイムになり、コミュニケーションの範囲も一段と広がった（②）。さらに、石油を燃料とする自動車を生み出した。鉄道よりはるかに小回りが利き、広範囲に移動できる自動車の登場によって、物流はさらに変革されていく（③）。

その後も、原子力発電という新たな動力源が登場し、インターネットが通信手段を劇的に変えたが、輸送手段に革命的な変化が起こっていないため、リフキンはこれを第3次産業革命とは呼んでいない。

夢のエネルギー

量子による第3次産業革命はどのように起こるのだろうか。

量子状態をコントロールできるようになると、そこからエネルギーを取り出すことがで

図表5－7　核融合発電と原子力発電の違い

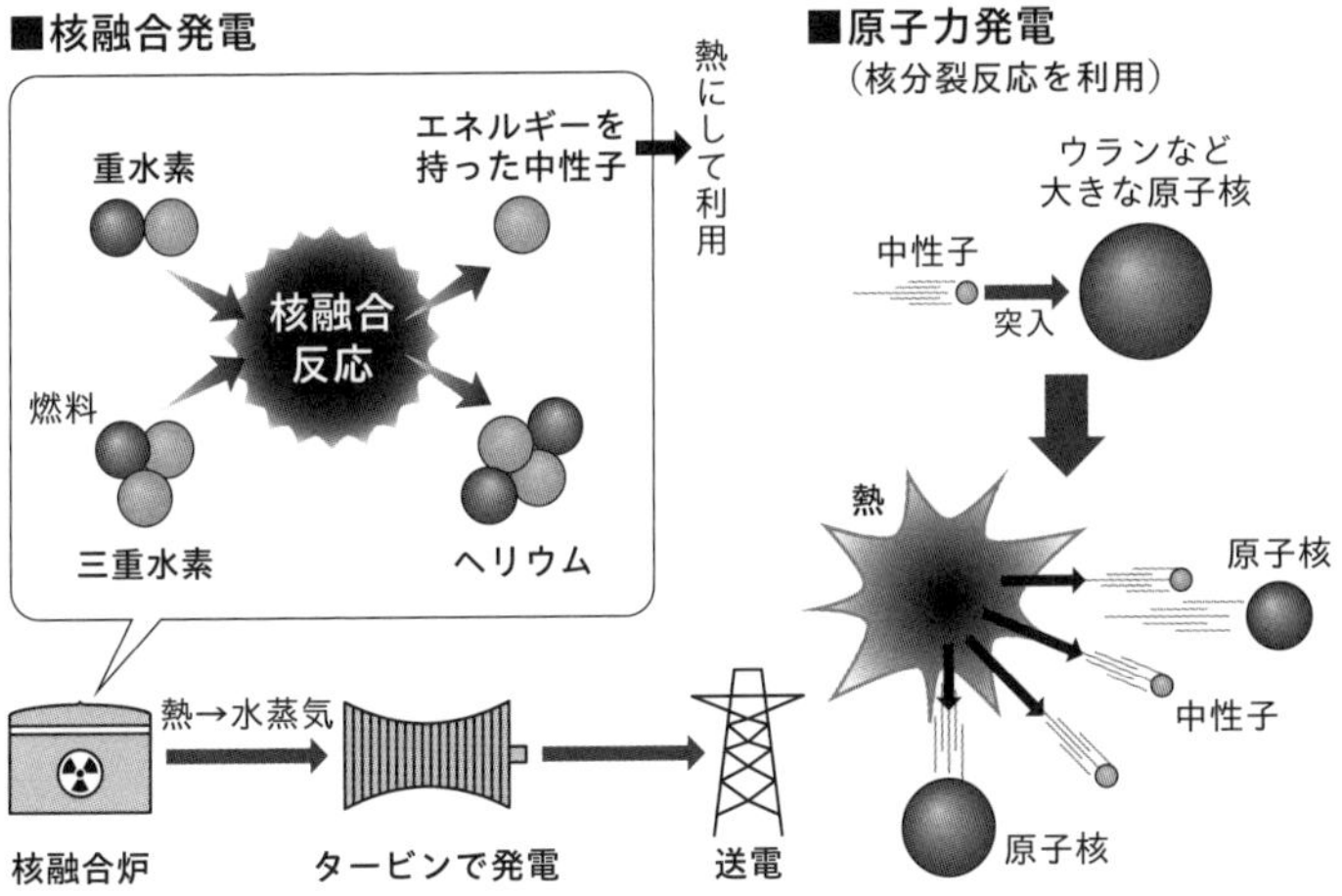

きるようになる。具体的にいうと、水素を使った核融合発電である。

量子状態をコントロールして原子核同士を融合させ、質量の大きな原子核に変化させると、一定のエネルギーを発生させることができる。これが核融合と呼ばれ、太陽で起こっているものと変わらない反応が起きる。

一方、水素には「水素」と呼ばれる質量数1の元素だけでなく、質量数2の「重水素」、質量数3の「三重水素」が存在する。

核融合発電では、重水素が三重水素と核融合を起こし、ヘリウム元素と中性子に変化する核融合反応で発生するエネルギーを利用する。これによって水を沸騰させ、その蒸気によってタービンを回して発電する（図表5－7）。

核融合発電では、火力発電のように二酸化炭素を発生させない。しかも、風力発電、太陽光発電よりも安定して発電できる。さらに、燃料となる重水素は海水から採取できる。周囲を海に囲まれた海洋国家の日本では、その資源は無尽蔵にあるといっていい。トウモロコシやサトウキビなどを使うバイオマス発電のような材料不足の心配もない。

こういった点から、核融合発電は「夢のエネルギー」とも呼ばれている。

では、かつてやはり夢の発電といわれた原子力発電とは、何が違うのだろうか。

きわめて単純化していえば、原子力発電は質量の大きな原子核が小さな質量の原子核に分裂するときの「核分裂反応」を使って発電する。核分裂反応は、一度分裂を始めると分裂に拍車がかかる。分裂を止めるには制御が必要で、制御は簡単ではなく、失敗すれば暴走する。しかも核分裂にともなう放射性廃棄物も多く、すべてを無害化するまで数万年以上の時間がかかる。軍事転用のリスクもあることから、安全性に難があるといえる。

それに対して、核融合反応は燃料や電源を切ればすぐに停止する性質があるため、制御しやすい。少量の放射性廃棄物は出るが、100年程度で無害化できる。

2022年12月13日、米国エネルギー省（DOE）と国家核安全保障局（NNSA）がビッグニュースを発表した。

核融合反応によって、2・05メガジュールのエネルギー投入量に対し、3・15メガジュールの出力が記録されたというのだ。励起（静かな状態の原子や分子を刺激して、活発な状態に移すこと）に必要なレーザーの投入パワーは考慮していないものの、〝入力〟より〝出力〟が上回る反応を得られたのは大きな成功だ。

日本の研究機関がプラズマ化に成功

さらに２０２３年10月23日には、日本の量子科学技術研究開発機構（ＱＳＴ）が、茨城県にある世界最大級の核融合実験装置で、核融合反応を起こすのに必要な「プラズマ状態」をつくることに成功した。

プラズマとは、物質が数億度で加熱されたとき、原子が原子核と電子に分離し自由に動いている状態をいう。プラズマ状態では、原子核が秒速１０００キロメートルで動くことが可能となり、この速度で原子核がぶつかることで核融合反応が起こる。この際、容器内に閉じ込めた状態でプラズマ状態をつくらなくてはならないことは想像いただけるだろう。

閉じ込め方には何種類かあるが、容器内に磁場を生み出し、容器の壁に衝突しないように浮かせて閉じ込める方式を「磁場閉じ込め方式」といい、さらに「トカマク方式」「ヘリカル方式」の２種類にわかれる。２つのコイルによって発生させた磁場を重ねることでねじれた磁場を発生させ、プラズマを閉じ込めるのがトカマク方式、初めからねじれたコイルによってねじれた磁場をつくってプラズマを閉じ込めるのがヘリカル方式だ。

一方、燃料を封じ込めたペレットに強力なレーザーを瞬間的に照射し、ペレットの表面を爆発的に蒸発させ、その圧力で内部の燃料を瞬間的に圧縮させるのが「慣性閉じ込め方式」である。プラズマが慣性によってその場に一瞬とどまる間に、レーザーによって加熱されることで核融合反応が起こる。これを「レーザー方式」と呼ぶ。

日本では、前出の量子科学技術研究開発機構がトカマク方式、自然科学研究機構核融合科学研究所がヘリカル方式、大阪大学がレーザー方式を研究している。私も、20代でまだ研究職にあったとき、大阪大のレーザー核融合装置を訪問したことがあるが、装置の壮大さに感嘆した記憶がいまでも残っている。

２０２３年夏の時点では、核融合のスタートアップ企業は世界に50社あるといわれている。中でも注目されているのは、米国の核融合発電スタートアップ「ヘリオン・エナジー」だ。ＣｈａｔＧＰＴで時の人となったオープンＡＩのＣＥＯサム・アルトマンが出資したことで話題になっている。

ヘリオン・エナジーは、トカマク方式ともヘリカル方式とも異なる形で研究開発を進めている。２０２３年5月にマイクロソフトと核融合発電による電力購入契約を結んだことは、世界に驚きを与えた。その発電開始時期は、約4年後の2028年に迫っている。実現すれば、産業革命の3要素のうち①動力源の大変革が起きる。

2023年7月には、青色発光ダイオードの開発でノーベル物理学賞を受賞した、米カリフォルニア大学サンタバーバラ校教授の中村修二氏が来日し、レーザー核融合のスタートアップのためのファンドレイズ（資金調達）をして回ったという。中村氏は、2030年ごろに日本か米国で商用炉を開設する計画を立てている。

量子インターネットによるコミュニケーション革命

量子は、②通信手段、コミュニケーションの形も変える。それが、量子コンピュータや量子センサーなどをネットワークでつないだ「量子インターネット」だ。

近い距離にある量子コンピュータを6台程度、並列でつなげて稼働させるのが、現在のところ想定されているコンセプトである。これによって、量子コンピュータ1台単独では解けない高度な問題を処理できるようになる。

地球科学の研究分野でも、量子インターネットの可能性が期待されている。実は、量子コンピュータは、それ自体にセンサーの機能がある。その性能は、わずかな地殻変動まで拾えるほどの精緻さだといわれている。それらをつなげて構築される量子インターネットは、巨大な望遠鏡としても働く。それによって、遠くの星から来たわずかな信号をとらえることもできるようになるという。

量子インターネットについては、絶対に安全な暗号化技術としても期待が集まっている。

188ページで、どんなに距離を離しても2つの量子が完全に相関する「量子もつれ」の特性をお話ししたが、それを応用した「量子鍵配送通信」という技術も存在する。

まず、たった一度だけ使う暗号鍵をつくる。暗号鍵は分割して光子に載せられ、送信者側から受信者側に送られる。この間、仮に第三者が盗聴しようとしたとしても、量子力学の特性から、盗聴行為のあったことが必ず判明する。そうすると、送信は取り消され、暗号鍵はあらためてつくり直される。

つまり、一度でも途中で見られたら、すべてご破算になってしまうのだ。これなら、暗号が破られることは永遠にない。

現在の暗号化技術は、いつかは解読されると予測されている。だが、量子鍵配送技術は、量子コンピュータよりも早く実用化が始まる可能性もあると指摘されている。

ほかにも、量子状態で情報をつなぐことで絶対にハッキングが不可能な量子インターネット通信網を構築することができる。重要で大量の情報が、外部に筒抜けにならずにやり

図表5－8　マッキンゼー・アンド・カンパニーの「The Bio Revolution」

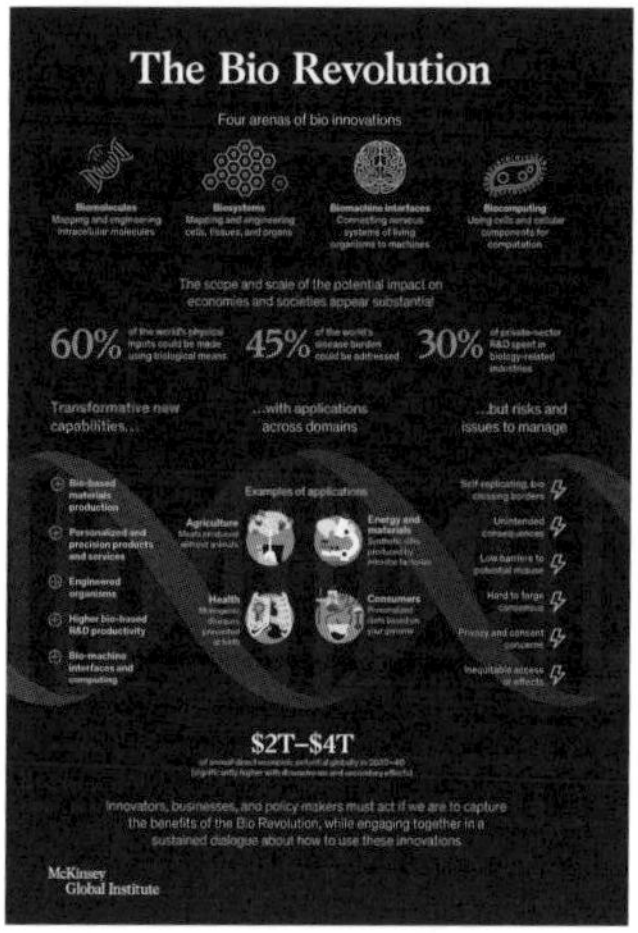

取りできる世界は、私たちの世界を想像以上に変えるにちがいない。

量子は物流も変える

では、3つめの要素である③輸送手段の変革とはどのようなものだろうか。

核融合発電や量子インターネットはともかく、量子が物流の何を変えるのだろうと疑問に思う方もいるかもしれない。

マッキンゼー・アンド・カンパニーは、2020年に発表した「The Bio Revolution」という調査報告書で、現在世界で使用されている原料の60％はバイオ素材で置き換えられると予測している（図表5－8）。

それによると、60％のうちの3分の1は、鉄を木材で置き換えるような「原料転換」で実現されるという。実際、日本でも木造高層ビルが増えている。神奈川県横浜市では地上11階建て、高さ44メートルある日本初「純木造」高層ビルが誕生した。柱や梁といった骨組みがすべて木でできている。理論的には30階建て程度までなら木材だけで建設できるという。

いうまでもないが、このようなことは先端計算基盤を活用した構造シミュレーション技術があって初めて可能になった。今後、量子・古典ハイブリッドコンピュータによってシミュレーション技術が大きく進歩すれば、純木造、もしくは鉄と木材のハイブリッドの超高層ビルの建設だって可能になるはずだ。

では、なぜそれが物流を変化させるのか。

日本は現在、鉄鋼の生産に必要な鉄鉱石と石炭を、オーストラリアやブラジル、ロシアなどからほぼ100%輸入している。ところが、木でビルが建つなら、わざわざ手間とコストをかけて遠くから原料を運んでくる必要がなくなる。自国で十分まかなえるからだ。日本だけではない。各国で原料や素材、エネルギーが地産地消されるようになれば、産油国を中心とした現在の物流絵図はがらりと変わる可能性がある。これが物流革命をもたらす起爆剤の一つとなるのだ。

しかも、日本にとっては石油化学原料依存度を下げることで、経済安全保障上重要なエネルギー自給率を少しでも上げることができる。

二酸化炭素からジェット燃料!?

先ほどのマッキンゼーの調査報告書によると、60%の残り3分の2は「合成バイオ」によって転換されるという。その際、カギとなるのは微生物（バクテリア）だ。

「水素細菌」をご存じだろうか。大きさは0・002ミリメートルほどのバクテリアで、50〜52℃の温泉や土壌に存在している。その名の通り水素をエネルギー源として二酸化炭素を食し、有機物を生み出す（図表5－9）。

東京大学発のベンチャーで、水素細菌が生み出す有機物を事業化するＣＯ$_2$資源化研究所によると、水素細菌によって、バイオフィーズ（水産養殖などの飼料用動物性タンパク質素材）、高機能タンパク質、バイオジェット燃料、ほかさまざまな化学品（生分解性プラスチックなど）がつくれる可能性があるという。

近年注目されているバイオマスプラスチックは、サトウキビやてん菜（ビート）が光合成によって生成した糖を原料にしている。

光合成は「炭素を固定している」とも言い換えられる。

図表5－9　水素細菌

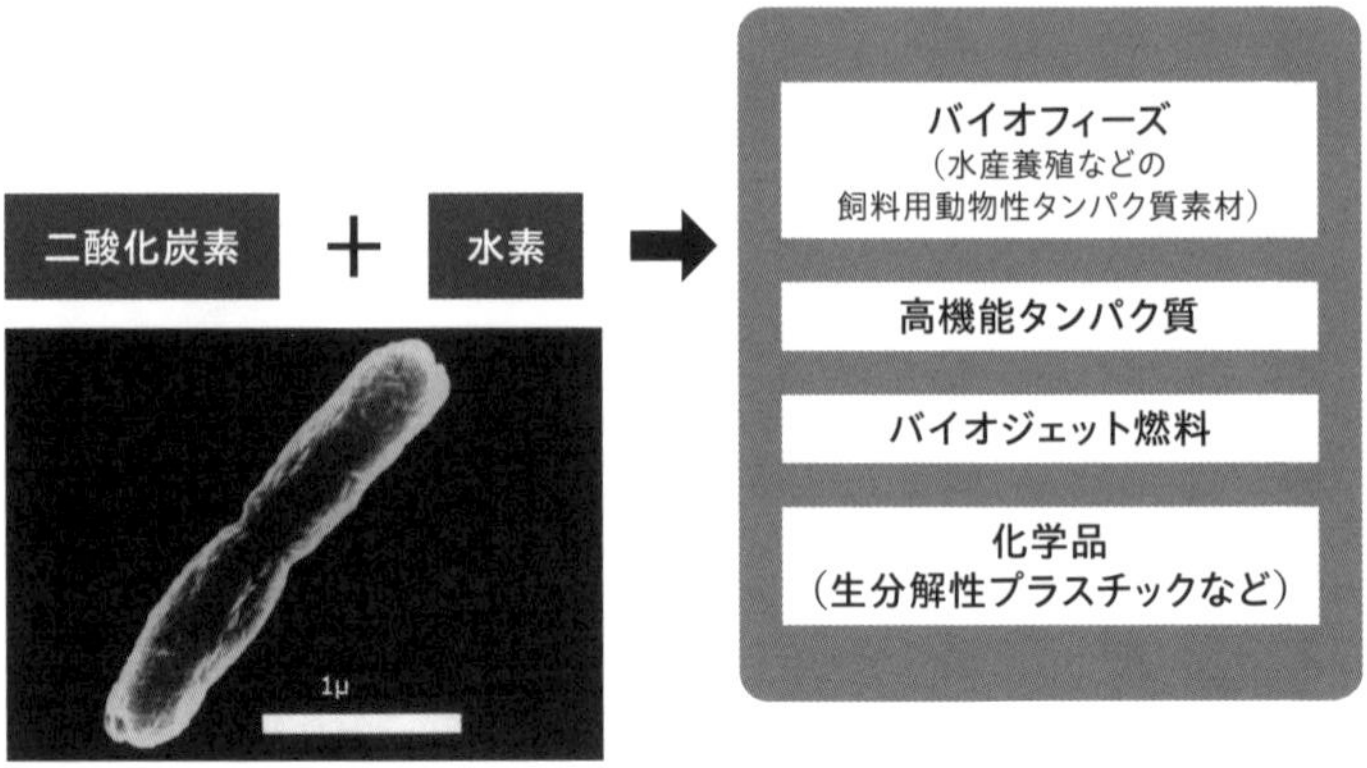

サトウキビの65倍の二酸化炭素を
吸収し、35倍の糖を生産する

（出所）CO_2資源化研究所

二酸化炭素を取り込んで閉じ込め、大気中に放出しないようにすることを固定化という。「植物が二酸化炭素を吸ってくれる」というのはまさにその一種だ。

水素細菌も光合成と同じように水素をエネルギー源に使い二酸化炭素を固定化する。ただ、その能力がケタ違いに大きい。なんとサトウキビの65倍に及ぶ二酸化炭素を吸収し、35倍もの糖を生成するといわれているのだ。CO_2資源化研究所は、つねに「イキのいい」水素細菌を世界中で探しているそうで、1976年に伊豆の温泉で採取した水素細菌の能力が最も高かったという。

水素細菌の威力をもってすれば、たとえば製油所から排出される二酸化炭素からバイオジェット燃料がつくれるかもしれないともいわれている。

このようにバクテリアの持つ驚きの力は、生物の中で量子効果で働いているものではないだろうか。将来、まさに量子コンピュータがその謎を解いてくれるかもしれない。

アパレルが変わる

バクテリアの活用法は、アパレル分野にも広がる。

コットンやウールといった天然素材でできた古着を、酵素で糖（グルコース）に分解し、それを餌にして、バクテリアにタンパク質をつくらせる。そのタンパク質繊維で、新たな衣服をつくる算段だ（図表5－10）。

ファストファッションの流行も相まって、現代社会では大量の衣類が生産され、廃棄されている。いまや、アパレルは環境負荷が非常に高い産業の1つになっている。

アクリルやポリエステルといった石油由来の化学繊維でつくられた衣類も多い。もし、バクテリア由来のタンパク質繊維、またはそれと天然素材との組み合わせで代替が可能になれば、着古した衣類を100％再生できることになる。

これには単なるリサイクルの枠を超えて、製造・消費・廃棄が一方通行で進む「リニア

図表5－10　リユースやリサイクルとは次元の違う「再生産サイクル」へ

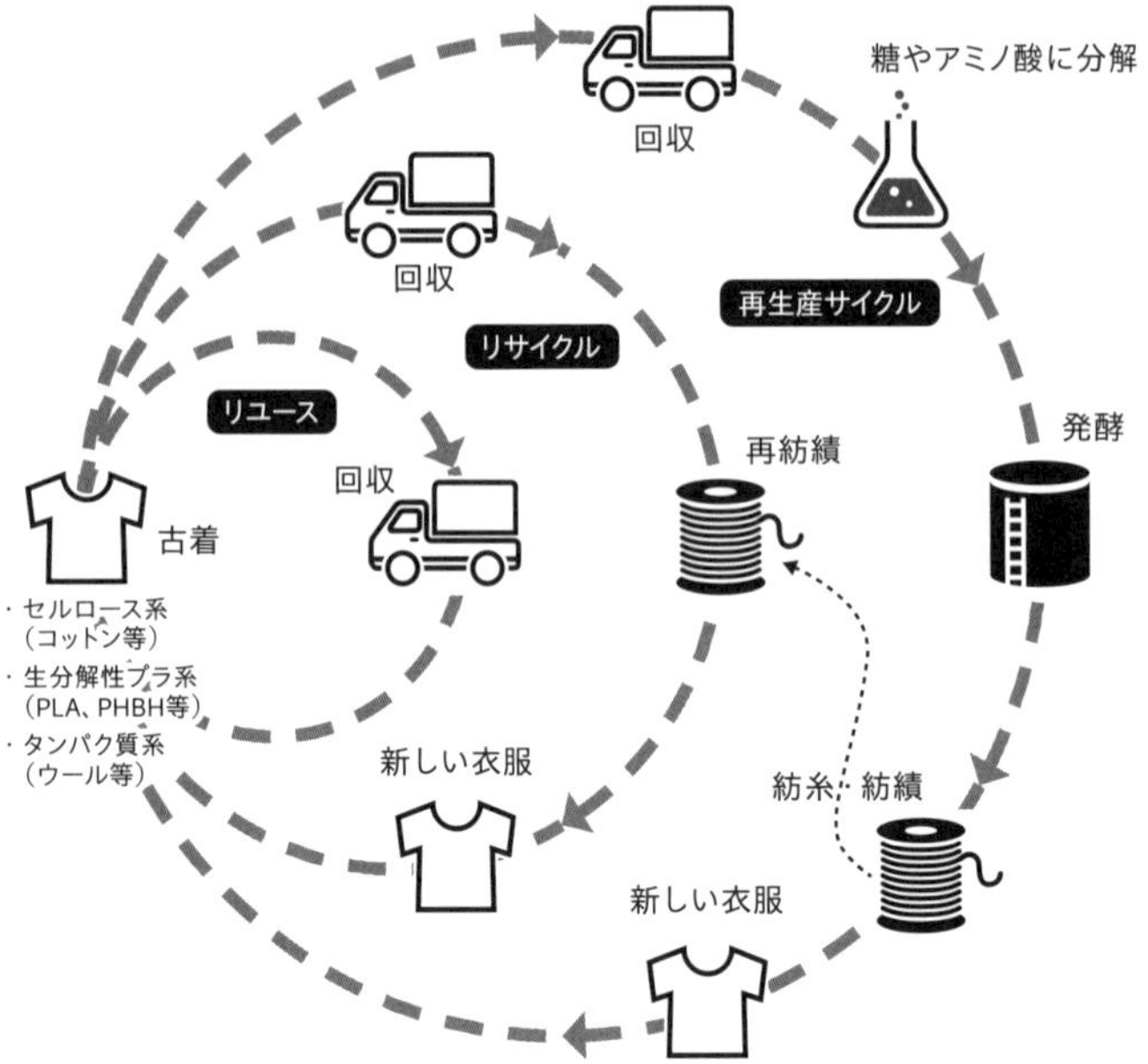

（出所）Spiber

図表5－11　完全な「サーキュラーエコノミー」の実現

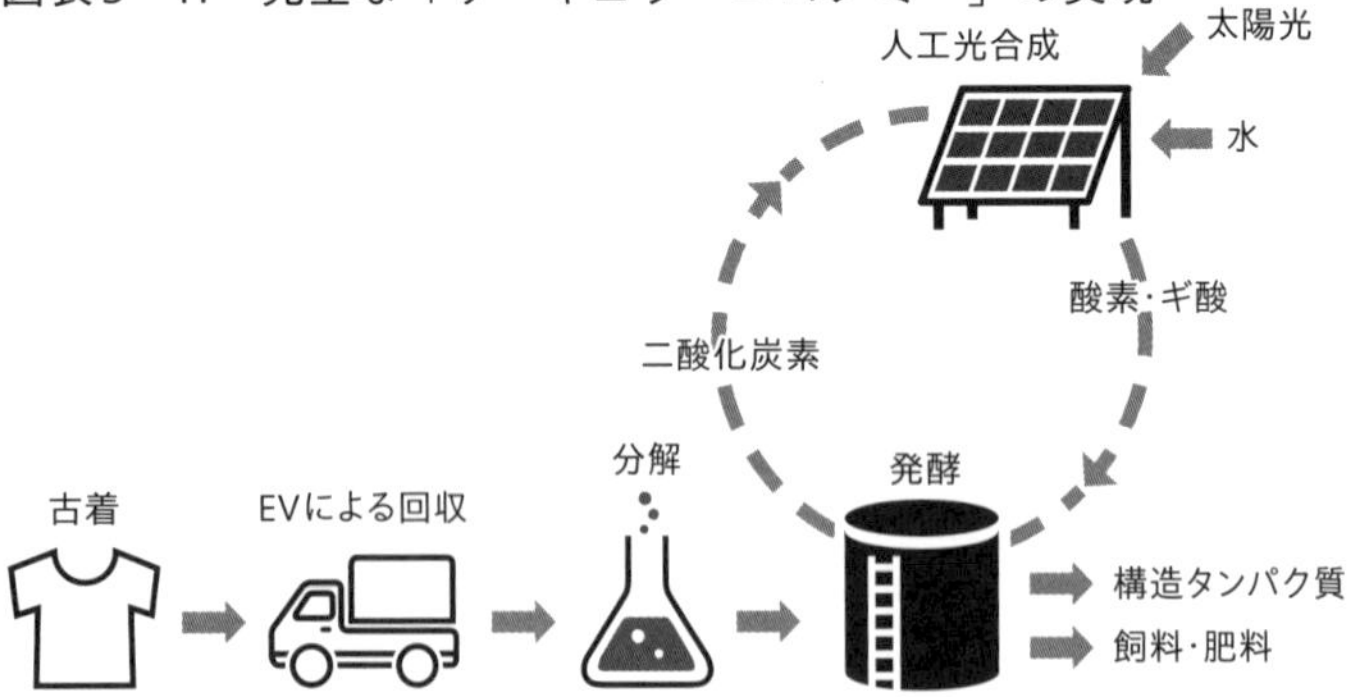

（出所）Spiber

エコノミー」から、完全な「サーキュラーエコノミー（循環型経済）」に社会を変革する力がある（図表5－11）。

バイオが世界を動かす

化学繊維は、織布を染色するときに大量の水を使うため、水資源不足の一因ともいわれている。タンパク質繊維はその点でも優れている。

構造タンパク質（医療用途で使われているようなタンパク質よりは分子量が大きく、強度などが出やすいタンパク質）を世界で初めて人工合成したＳｐｉｂｅｒ（スパイバー、山形県鶴岡市）によれば、織布になる前の紡糸工程で着色することで、アパレルの染色工程で使われる水の使用量を97％削減できるという。さらにいえば、バクテリアによる分解は30～50℃の常温で進むので、高温にしたり低温にしたりするエネルギーも最小限となり、衣服製造の環境負荷は石油化学によるものと比較して圧倒的に小さくなる。

スパイバーは自社の「ブリュード・プロテイン」という素材を活用し、アパレルブランドのゴールドウインと、環境負荷が少なくリサイクル可能でファッショナブルな素材を共同開発している。すでに「ゴールドウイン」や「ザ・ノース・フェイス」などのブランド

図表5－12　スパイバーの新素材を使った製品

（出所）Spiber

で17品目3000着を販売した（図表5－12）。ゴールドウインは、2030年までに新製品の1割を人工タンパク質素材にすると表明している。

こうした動きは、1つの大きなうねりになりつつある。米ジェノマティカは、バイオ素材でナイロンを製造することに成功した。これを受け、ヨガウエアで知られるカナダのルルレモン・アスレティカは2030年までに、自社で使用するナイロンをすべてジェノマティカナイロンに置き換えると宣言した。

今後、石油由来の化学繊維がどんどん減っていけば、やはり物流の流れは大きく変わる。日本は、アクリルやポリエステルといった化学繊維の原料となる原油を中東から輸入しているが、その量を大きく減少させることができる。

つまり、バクテリアという生物（バイオ）の中で働いているであろうと思われる量子効果は、世界の物流をも変革させる力を秘めているのだ。

しかもこの話は、マイクロファイバー問題の解決にもつながる。マイクロファイバーは8マイクロメートル以下の化学繊維のことで、衣服の洗濯によってどうしても自然界に放出され、海洋汚染などの原因となっている。タンパク質繊維であれば、海で分解されるので影響はない。

このように合成バイオが世の中のものづくりに使われるようになると、廃棄処理にかかわるエネルギー消費も抑えられる。物流革命であり、エネルギー革命でもあるのはそういうわけなのだ。

量子に資金が集まっている

こうした話を、あなたがどれだけ現実的と思うか、妄想だと思うかはわからない。ただ、世界の人たちがどう思っているかがわかるデータはある。

図表5－13は、ボストン コンサルティング グループ（BCG）調べで、量子というテーマに対して、民間からの投資がどれくらい行われているかを表している。投資家たちは何に投資をすれば儲かるかをつねにシビアな目で見極めている。そのうえで、誰よりも先

図表5－13　量子は格好の投資テーマになっている

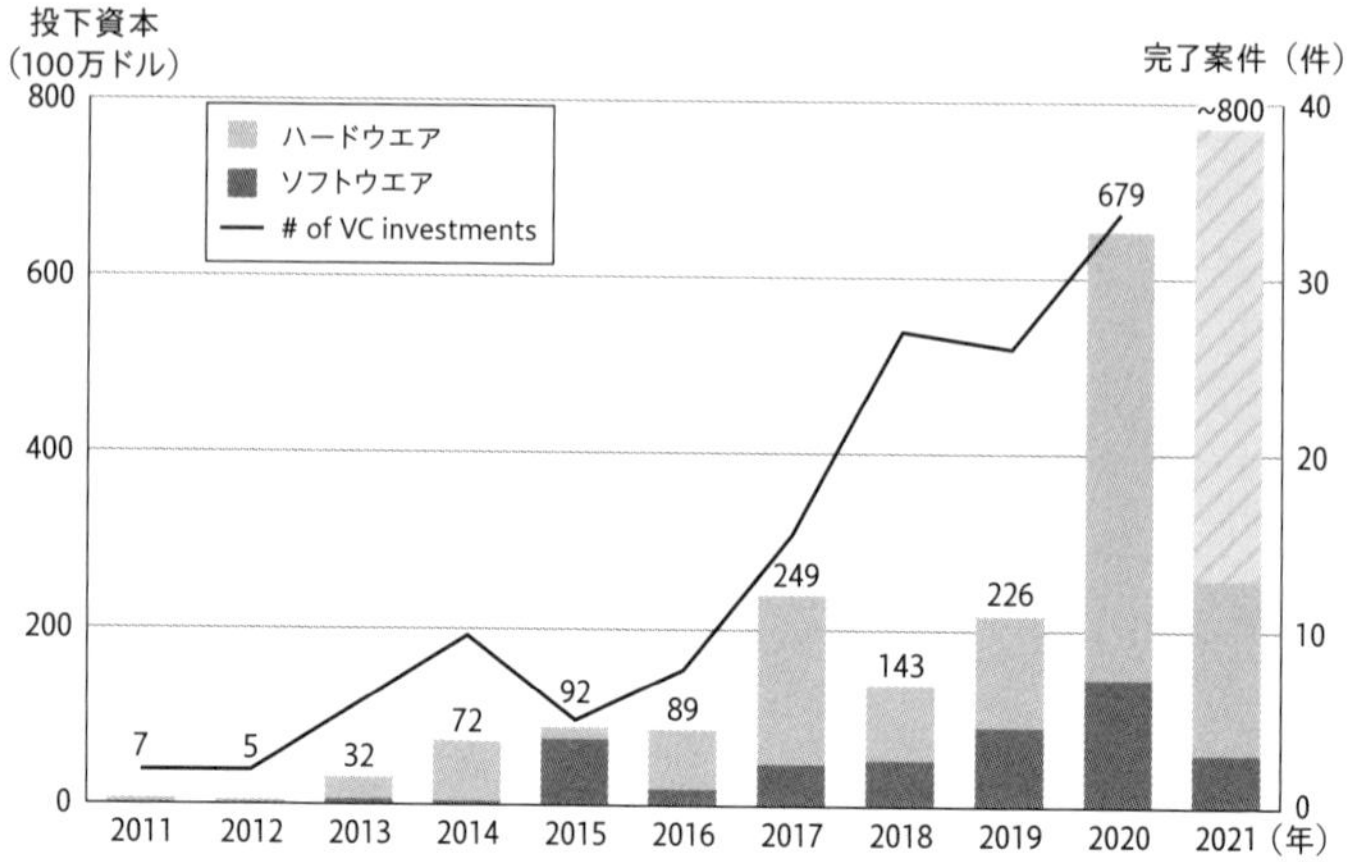

（注）2021年は予測値
（出所）BCG資料をもとに筆者作成

んじて利益を得ようと、虎視眈々とねらっている。投資資金が多いほど、量子のもたらす未来が現実になると信じている人が多いことになる。

一見してわかるように、２０２０年から急激に伸びている。翌２０２１年も予測値ながら、８億ドル（１２００億円）の民間投資が流入した。

これは、先ほどお話しした通り、２０１９年10月23日に「シカモア」が量子超越性を実証したという論文が『ネイチャー』誌に掲載されたことが影響していると考えていい。

別のデータも見てみよう。図表５－14は、量子コンピューティングの情報サイト「クオンタムインサイダー」による２０２３年

図表5－14　量子技術への民間投資額

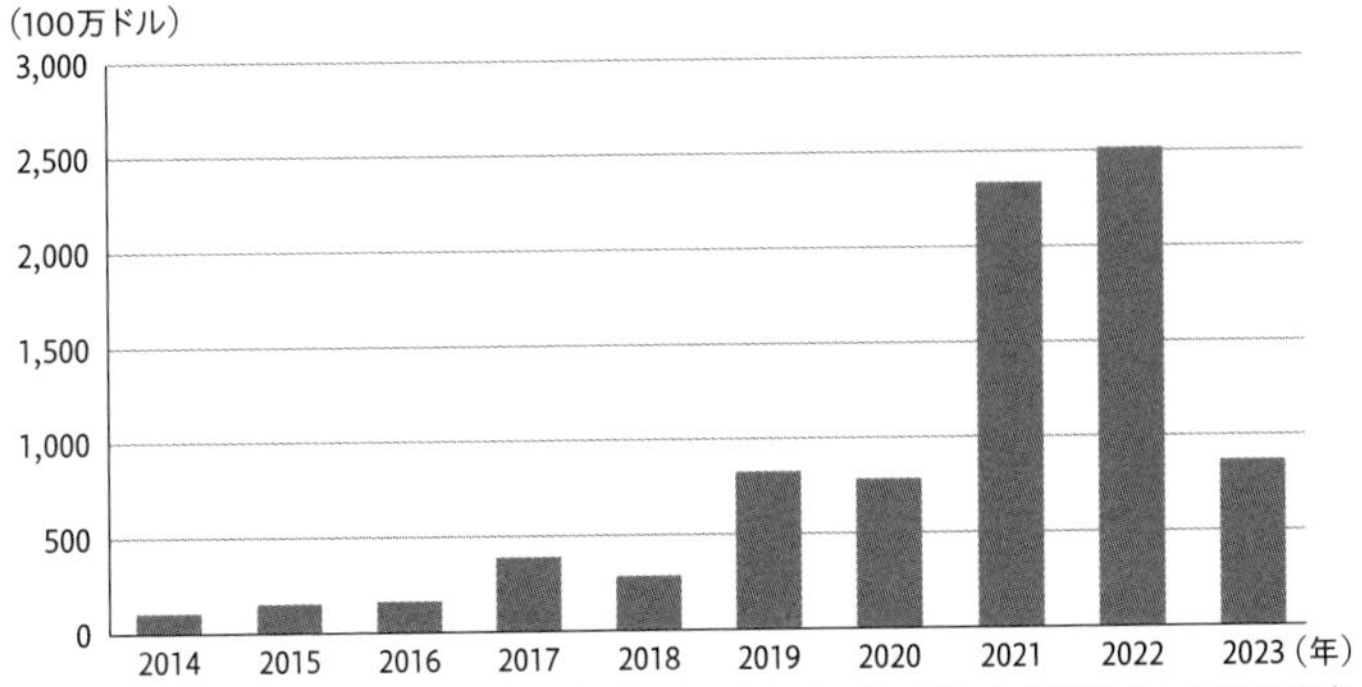

(出所)「クオンタムインサイダー」資料をもとに筆者作成

図表5－15　量子コンピューティングの市場規模予測

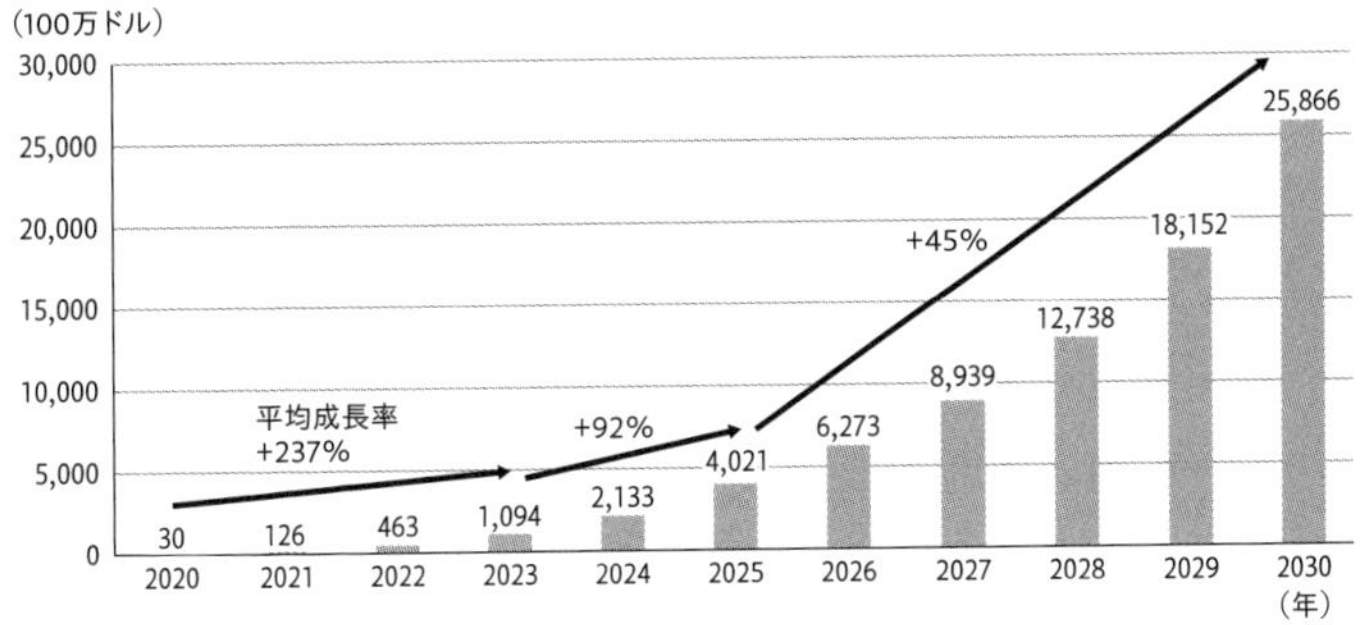

(出所)「クオンタムインサイダー」資料をもとに筆者作成

第1四半期時点の民間投資額データである。

2020年はBCGの2021年と同じ8億ドルだが、2021年は23億ドル（3450億円）、2022年は25億ドル（3750億円）、そして2023年も8月時点で9億ドル（1350億円）程度となっている。つまり、量子コンピューティングには、確実に民間資金が流入しているといえる。

「クオンタムインサイダー」はこんな予測もしている。

図表5－15は、今後の量子コンピューティングの市場規模（QCaaS＝Quantum Computing as a Service）を予測したグラフだ。

2023年は約10億ドル（1500億円）にとどまっているが、2025年には約40億ドル（6000億円）、2028年には約127億ドル（約1兆9000億円）、そして2030年には約259億ドル（約3兆9000億円）になると予測されている。偶然の一致かもしれないが、「2年で2倍」というムーアの法則を踏襲している。

量子が当たり前になる時代がもうすぐ来る

興味深いのは、量子コンピュータとAIへの投資額を比べた図表5－16だ。

図表5−16　スタートアップへの投資額と投資件数の推移
（上：量子コンピュータ、下：AI）

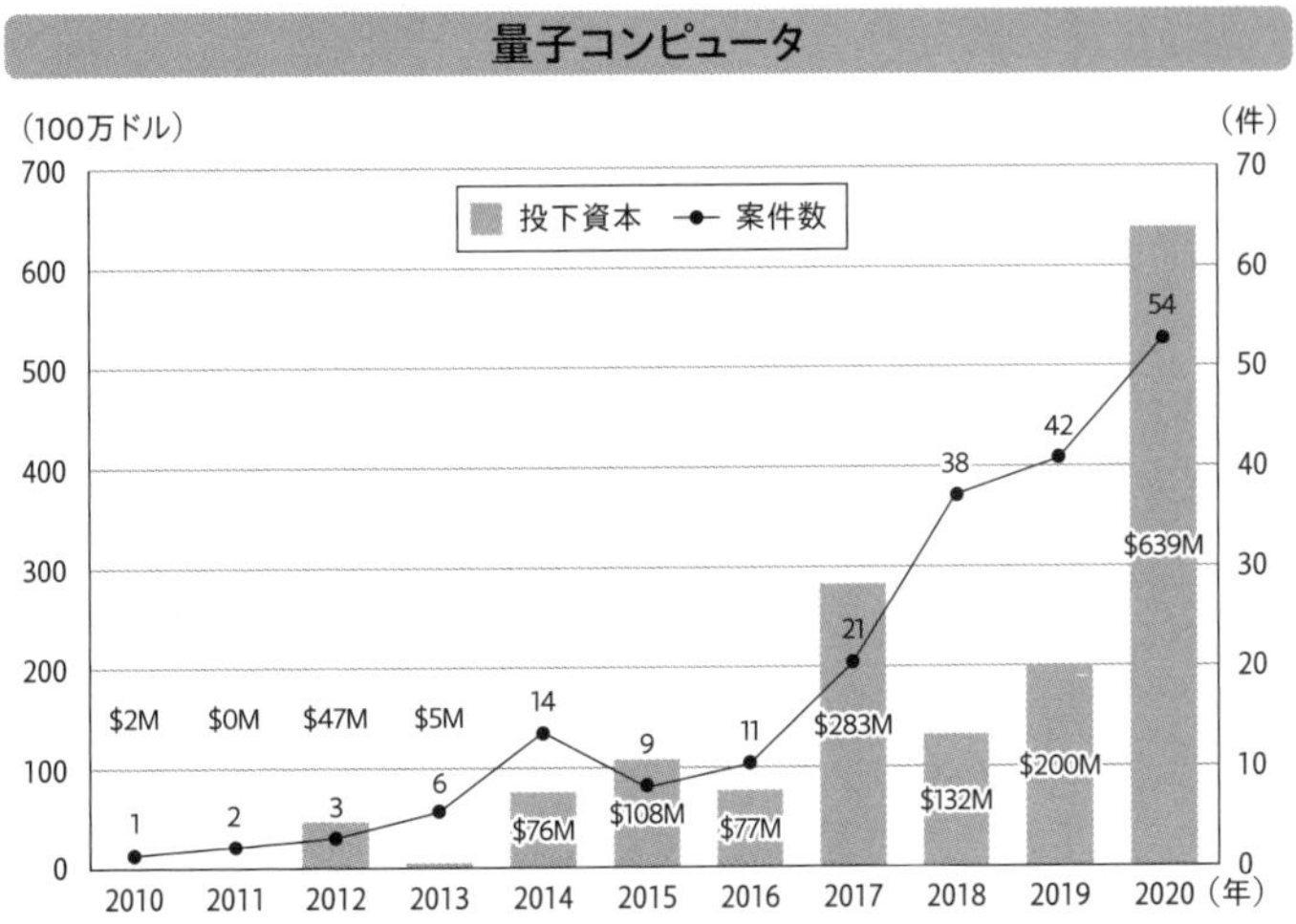

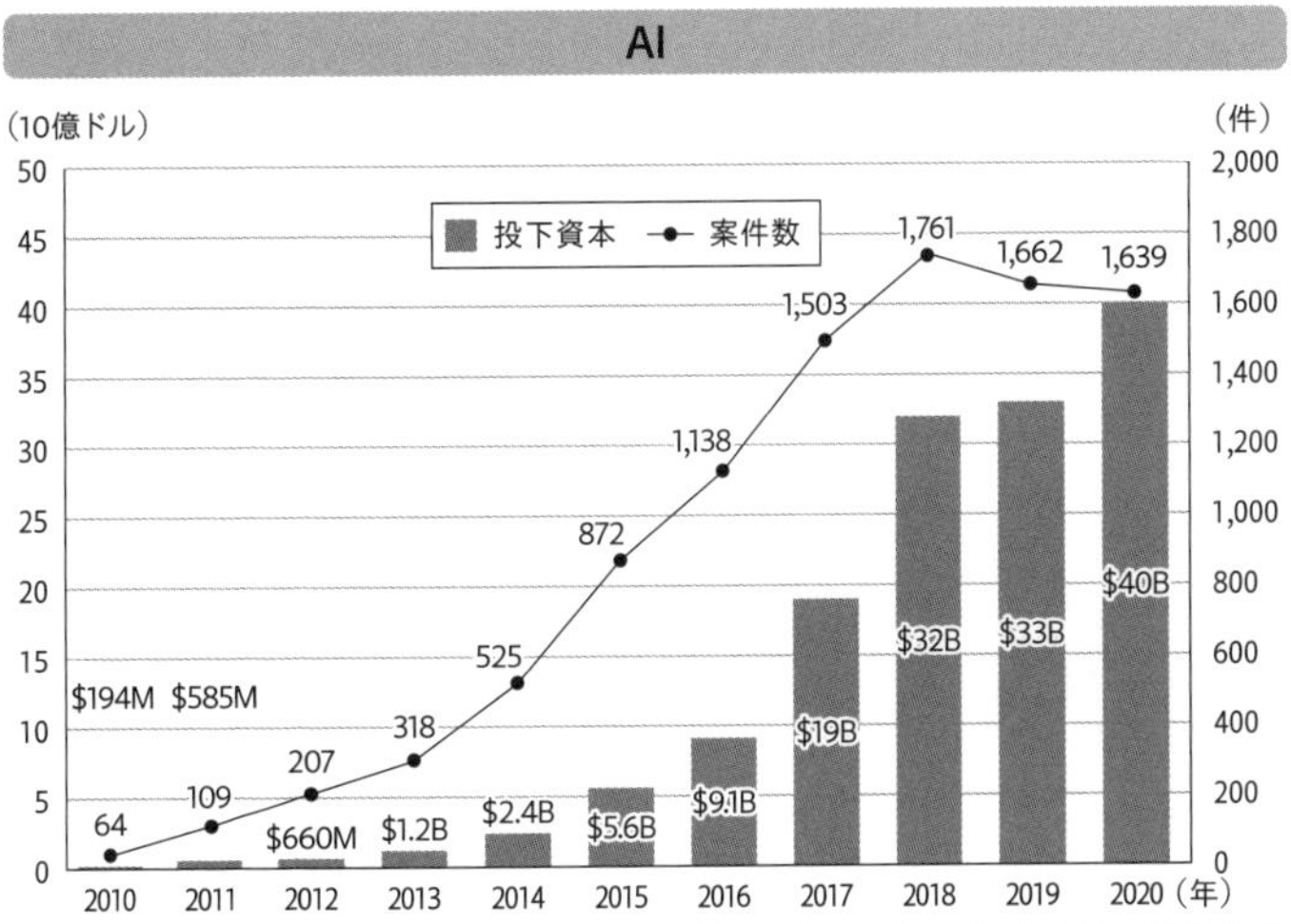

（出所）ピッチブックデータをもとに筆者作成

2020年の量子コンピュータに流入した民間投資額は6億4000万ドル（960億円）だったが、この金額はAIでいうと2012年当時の水準に匹敵する。2012年といえば、例のカナダのトロント大学によりディープラーニングの実効性が証明された年である。

AIは2012年に6億6000万ドル（990億円）を集めたあと、翌2013年には12億ドル（1800億円）、翌2014年には24億ドル（3600億円）とどんどん増え、2015年にグーグルのAlphaGOが人間に勝つと、翌2016年には91億ドル（1兆3650億円）へと急拡大し、その後はすさまじい勢いで投資額が増加した。2020年には400億ドル（6兆円）に達している。

そして、2012年の10年後の2022年には、私たちはAIを普通に使い始めていた。新しいテクノロジーにはこのように投資資金が集まり、普及していくと考えられる。多少の前後はあるだろうが、量子コンピュータも2020年の10年後となる2030年ごろには、2020年のAIと同じ400億ドル規模の資金を集め、私たちも普通に量子コンピュータを使いこなしている――すなわち、量子コンピュータが世の中に溶け込んだ時代になっているのではないだろうか。

さらにいえば、量子コンピュータへの民間投資額は、2021年に23億ドル（3450

億円）、２０２２年に25億ドル（３７５０億円）と、その増加ペースはＡＩがたどった道をはるかにしのいでいる。

量子のハイプ・サイクル

米ガートナーの「ハイプ・サイクル（hype cycle）」をご存じの方も多いだろう。ハイプとは、盛り上がりとでもいうべきだろうか。あらゆるテクノロジーは、黎明期を経ていったんは盛り上がる（「過度な期待」のピーク期）ものの、期待通りにならないことで人々にがっかりされ、下り坂になる（幻滅期）。しかしその後あらためて価値が見直され（啓発期）、安定期に入るというプロセスをたどる。

まず、２０２０年のハイプ・サイクルを見てみよう（図表5－17）。量子コンピュータは流行期を過ぎ、幻滅期の位置にある。これを、「量子コンピュータがピークを過ぎた」とネガティブにとらえるのは誤解だ。

なぜか。約10年前、２０１０年のハイプ・サイクルを見てみよう（図表5－18）。「ツイッター」に代表されるマイクロブロギング（つぶやきの投稿）は２０２０年の量子コンピュータとほぼ同じ位置で、幻滅期にあった。

図表5－17　ハイプ・サイクルから見る社会実装までの動き（2020年）

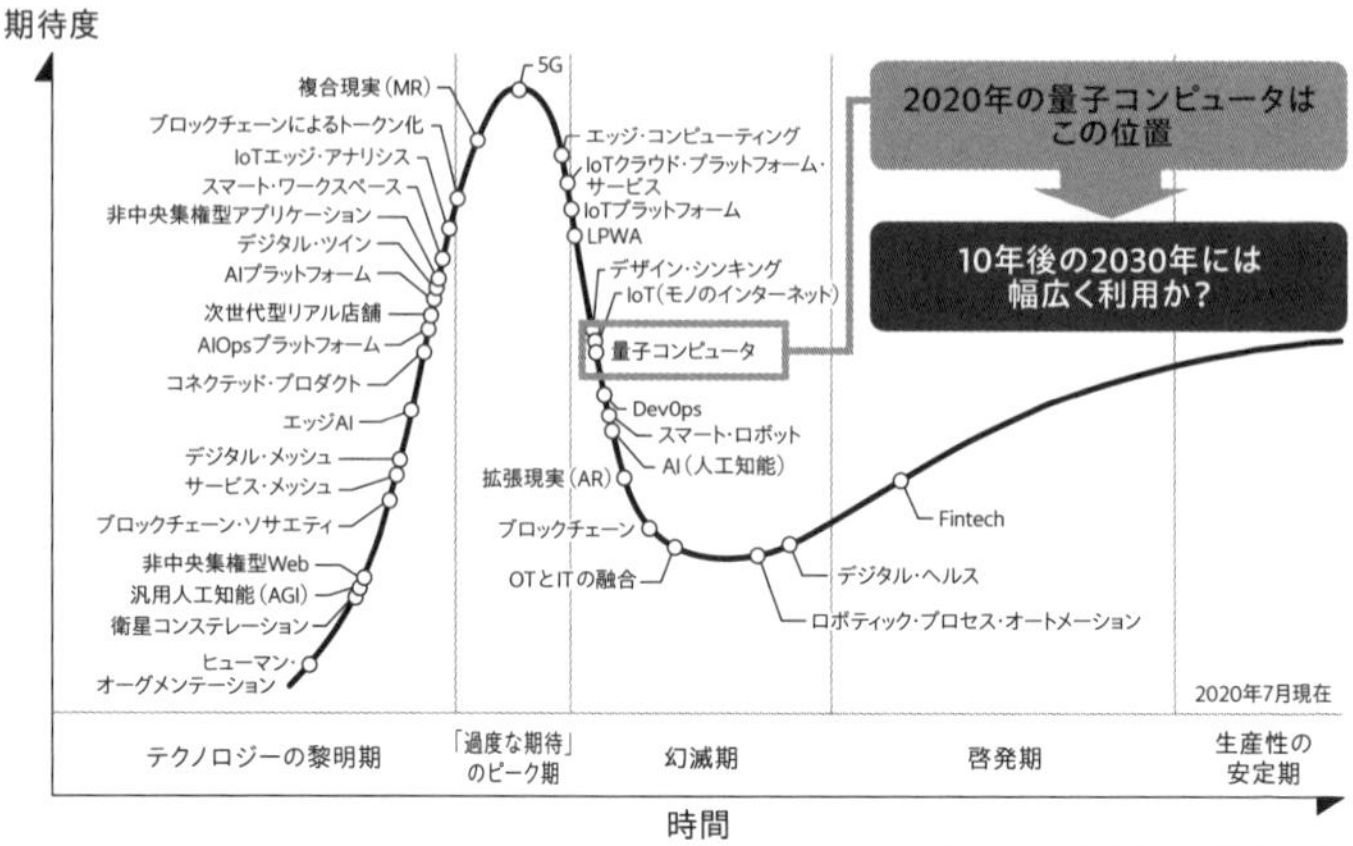

（出所）ガートナー資料をもとに筆者作成

図表5－18　ハイプ・サイクルから見る社会実装までの動き（2010年）

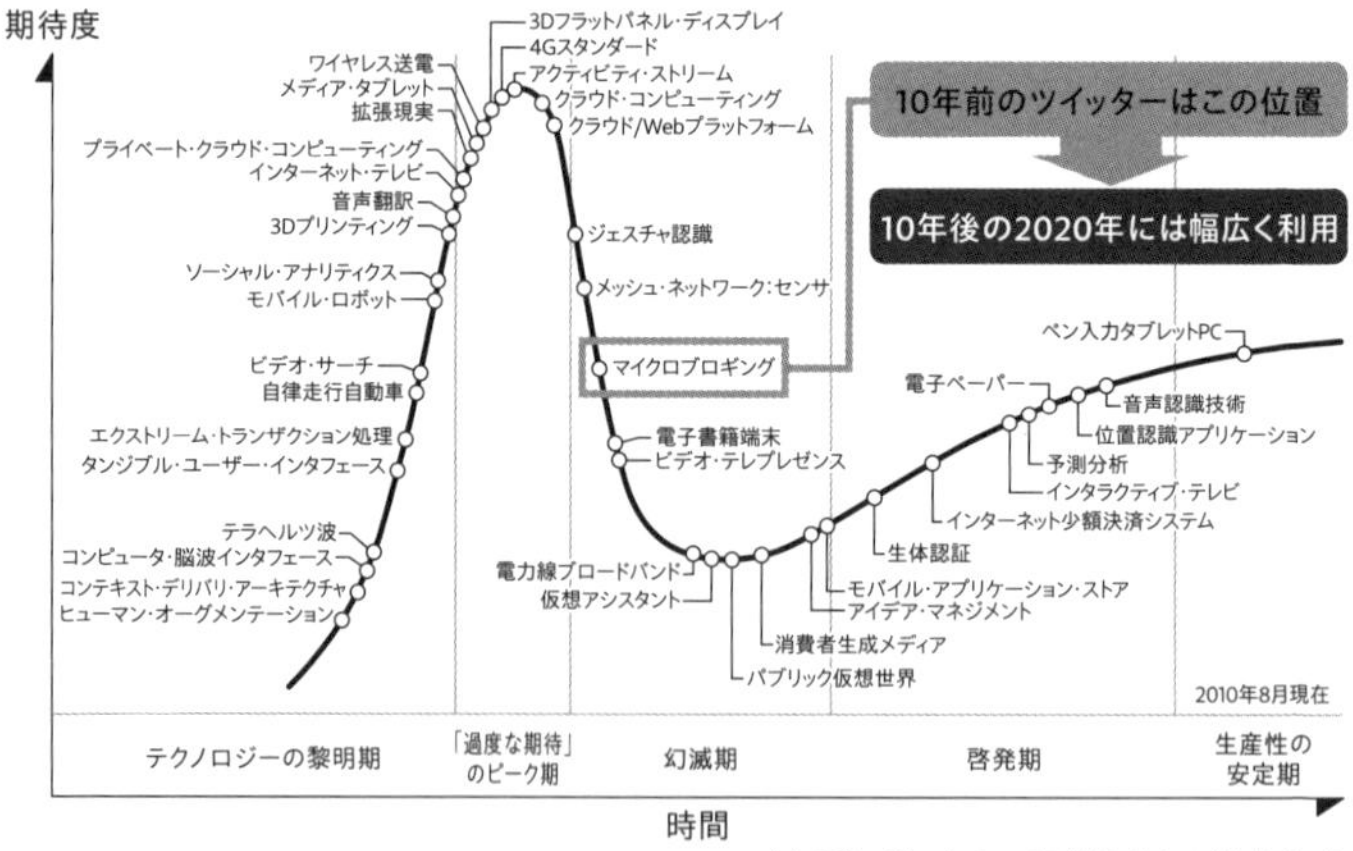

（出所）ガートナー資料をもとに筆者作成

そこから10年後、ツイッターはどうなっただろうか？　回復期を経て安定期に達し、人々の暮らしになくてはならないものになっている。２０２３年にXに名称を変えても、それは変わらない。

マイクロブロギングがそうであったように、量子コンピュータも10年後の２０３０年ごろには安定期入りし、社会に浸透していると考えても不思議ではないだろう。

２０３０年を超えて

核融合発電や合成バイオ技術の２０２８年ごろの実現可能性、量子コンピュータの社会実装など不思議とどれも２０３０年ごろを指している。前述した量子コンピュータへの民間投資額でも、技術的普及は２０３０年ごろがターゲットになっていた。

これらを総合すると、量子コンピュータの本格的な社会実装の始まりは、２０３０年が1つの目安になると考えていいのではないだろうか。

大事なのは、これから訪れる幻滅期の底、量子の冬をどう乗り切るかだ。

２０２０年のハイプ・サイクルでは、ＡＩでさえ幻滅期のまっただ中にある。たしかに、ＣｈａｔＧＰＴが1、2、3とバージョンアップする段階で一大ブームになったが、近年はセキュリティへの懸念などもあって、少しピークアウトした感は否めない。膨大な電力を食うことから、このままの技術の延長線上では市場は伸びないのではないかという失望が先に立っているのかもしれない。

底に沈んだまま終わるか、それとも底を脱して回復期に入っていけるか。

インフラ整備に世界で多額の投資が必要といわれている5Gへの投資が、主要国では2023年ごろまでには終わったとされている。EVの基幹技術となるバッテリーの技術も、すでに航続距離600キロメートルを実現するほどに改良が進んだ。

もうまもなく、半導体は3ナノから2ナノに移行する。2025年には、量子コンピュータを含む非ノイマン型コンピューティングが、それなりの産業基盤を構築するだろう。ラピダスも、少量であれば2025年から推論用のAI半導体の試作ができるようになる。2030年を超え、2040年となっても半導体は重要な社会基盤であり続けると考えられ、ラピダス・LSTCが先端製造・開発を続けられるよう、私も応援していきたい。

政府は、2050年までに温室効果ガスの排出を全体としてゼロにする、カーボンニュートラルをめざすことを宣言している。それ以前に、2030年には「2013年対比46%減」という目標もある。

現実的に考えると、2030年までというゴールを達成するには、いまある技術を総動員員してがんばる以外はないだろう。一方で、２０５０年のゴールを考えると、既存の技術の延長線上には解がないことはおわかりだろう。

しかし、そこで思考を停止してはならない。将来技術を見通すことは簡単ではない。ましてや革新的技術を見出すことは本当に難しい。それでも、産業の革新をもたらす量子の時代はすぐそこまで来ている。

おわりに

「10：1」

「10：1」――これは米国と日本における最先端半導体の両国国内における使用量の差である。両国のGDP比からすると4・5：1程度が妥当であるはずなのに、この差はどこから生じているのだろうか。

本書の出版を準備している中で、日米の株式市場は順調に上昇した。とくに情報関連および半導体関連株式の値上がりの強さが目立った。

図表　S&P500の「7人の侍」

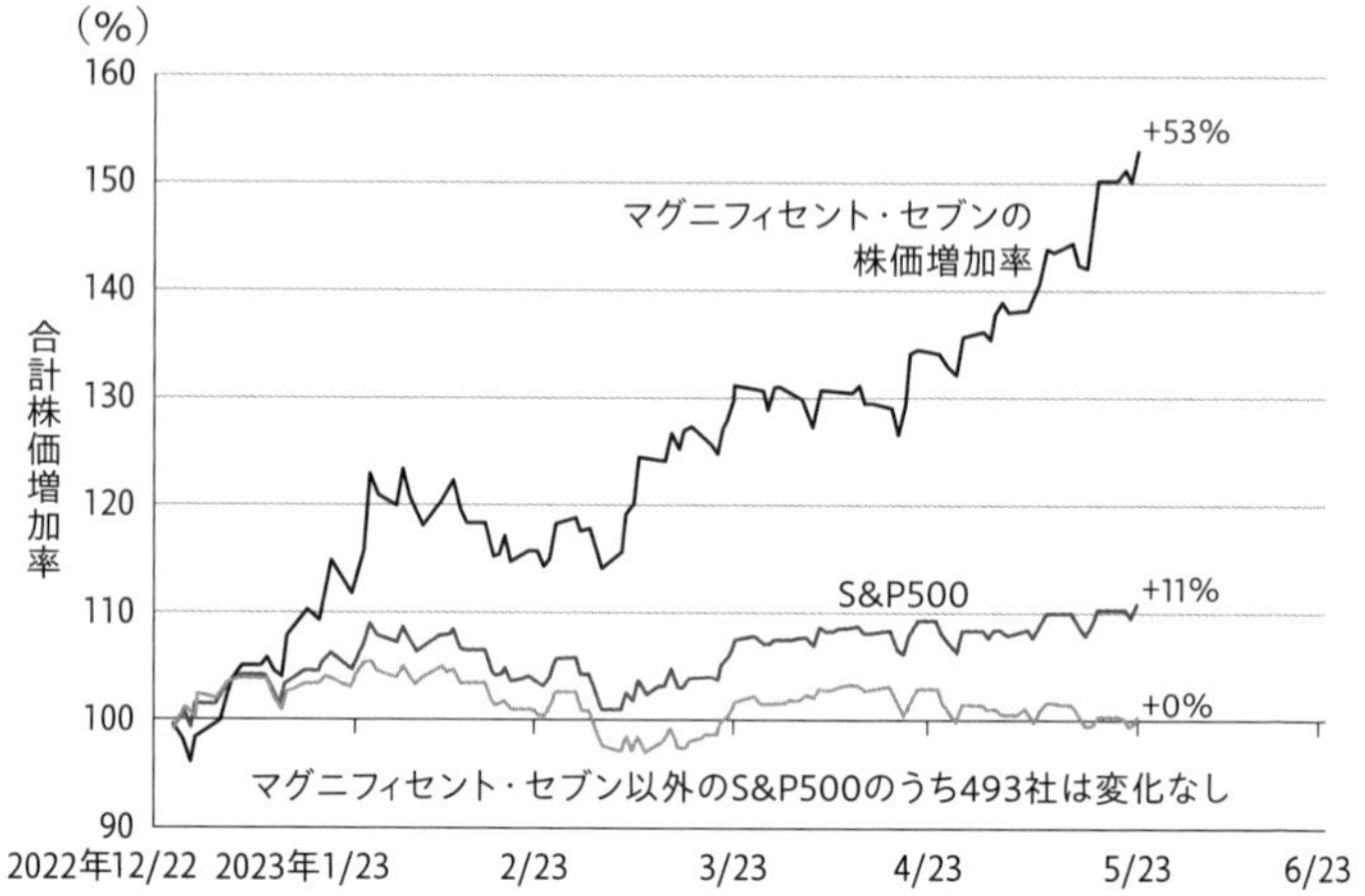

（出所）ISABELNETのポストをもとに筆者作成

図表は米国の株式市場の成長がマグニフィセント・セブンといわれる7社（メタ、アマゾン、アップル、マイクロソフト、グーグル、テスラ、エヌビディア）に偏在している様子を如実に表している。そしてこの7社はすべてＡＩ関連企業であり、本書で解説した「ビットの生産性」をフル活用している企業である。

日米の間には人口構造や労働法制の差、財政政策・金融政策の差、規制と市場の流動性の差がある。ただ、経済成長の両国の差については、米国にはマグニフィセント・セブンが存在するが、日本には存在しないということであり、先端半導体の使用量の比率、「10：1」に結びつく。

もちろん日本にもＡＩ企業が存在するが、

この7社のようにムーアの法則を経営戦略に組み込み、ビットの生産性によって年率20〜40%の売り上げ成長率を達成している企業はない。

ただ、絶望するのはまだ早い。

これまでお話ししてきた通り、日本が抱える「デジタル赤字」は2030年には約8兆円となり、原油の輸入額を超える額となると予測されている。が、この赤字分の20〜30%でも日本国籍企業に引き戻すことができれば、話はまったく違ってくる。

たとえば、日本のスパコンの開発サイクルを10年から5年に短縮するだけで、先端半導体の官製需要が生み出される。あるいは、日本政府が使用するクラウドを、海外企業から日本国籍の業者に移行させる。官製市場と批判されるかもしれないが、少なくとも日本が覚醒する引き金になるのではないだろうか。

そして、次世代計算基盤としての量子・古典コンピュータハイブリッド計算技術を日米で世界に先駆けて開発する。それを国家の計算資源として民間やスタートアップに開放すれば、マグニフィセント・セブンのような企業は日本でも必ず育ってくる。米国の巨大な経済成長を7社で牽引できるのであれば、日本では2〜3社育てば十分だろう。

若い人たちにこそ

量子に関する政府の有識者会議に出席すると、いつも思うことがある。メンバーの中では、だいたい私が最年長者である。ほかのメンバーもほぼ同世代の人で占められている。

こういう世代の人だけで最先端技術となる量子のイノベーションを語っていて、果たしていいのだろうか。

ＪＳＲの名誉会長を退任し、経済同友会副代表幹事の任期も満了した現在、私は地政学、資本・株式市場、テクノロジーの視点で企業経営を考えるシンクタンク・Ｃｄｏｔｓ合同会社の活動に注力している。

本書でもお話しした内容をＣｄｏｔｓとして政府に提言していくつもりだが、若い世代を育成する活動も始める予定だ。

２０２２年から、20〜40代前半の研究者やビジネスパーソン、学者を山梨県北杜市の小淵沢に集め、Quantum Summit in Kobuchizawaという集まりを主催している。量子の世界を実現するためのイノベーションを起こし、日本を牽引するのはほかでもない若い人たちだ。

願わくば本書がきっかけとなり、半導体を基盤とする新しいテクノロジーに興味を持つ人が生まれて欲しい。そしてその中から、日本を飛躍的な成長に導くイノベーションが起これば、本書を執筆した目的は果たせたといえる。

本書の考察は長年経済同友会における委員会活動において培ったものであり、その活動において私の出身母体であるＪＳＲの剱持伊都氏、古市大樹氏には多大なる支援をいただいた。また、同会における委員会活動において共同委員長などを一緒に務めた元アクセンチュア代表取締役社長の程近智氏、ＡＮＡホールディングス副会長の平子裕志氏にも議論を深める中でお世話になった。なお、本書の技術的な検証は元東芝・元ＪＳＲの半導体技術者である稗田克彦氏にお願いした。良き友人を持てたことはとても嬉しく思う。数多くの同友会関係者の方々にこの場を借りてお礼を申し上げたい。

２０２４年６月

シンクタンク・Ｃｄｏｔｓ合同会社共同創業者
小柴　満信

【著者紹介】
小柴満信（こしば　みつのぶ）
JSR前会長／経済同友会経済安全保障委員会委員長
1981年日本合成ゴム（現JSR）入社。1990年半導体材料事業拠点設立のため米シリコンバレーに赴任。モトローラ、IBM、インテル等との関係を構築。2009年社長、2019年会長、2021〜2023年名誉会長。2019〜2023年経済同友会副代表幹事として、国際関係・先端技術・経済安全保障を担当。2020年にCdots（シンクタンク）を設立し、先端技術、地政学、地経学に関する意見発信を行う。国内外のスタートアップ（TBM、Spiber、クオンティニュアム、Fortaegis等）を支援中。2023年Rapidus社外取締役に就任。

2040年　半導体の未来

2024年7月2日発行

著　者——小柴満信
発行者——田北浩章
発行所——東洋経済新報社
〒103-8345　東京都中央区日本橋本石町 1-2-1
電話＝東洋経済コールセンター　03(6386)1040
https://toyokeizai.net/

装　丁………橋爪朋世
ＤＴＰ………キャップス
印　刷………ベクトル印刷
製　本………ナショナル製本
編集協力……新田匡央
編集担当……髙橋由里
　ISBN 978-4-492-50354-6